你可以生气，但不要越想越气

〔日〕水岛广子 ——

著 姚奕崴 ——

译

四川文艺出版社

果麦文化　出品

在人际关系视角下，学会情绪管理

张露佳

这本书的作者水岛广子是一名人际关系疗法（IPT，全称为 Interpersonal Therapy）取向的精神科医生，她将人际关系疗法从西方引入了日本。巧的是，6年前我也将人际关系疗法从西方引入了中国内地，并在临床推广使用。

我是一名有着16年临床经验的心理治疗师，曾经见到过许许多多因为人际关系问题而导致负面情绪积累，进而产生心理困扰和心理疾病的来访者。人际关系无处不在，从我们和家人亲戚相处，到和朋友同学同事相处，人际关系的好坏直接影响到我们的情绪和心理健康。正是因为人际关系如此重要，所以当我了解到有一种心理疗法是从人际关系角度入手，便非常强烈地想要引入中国并在临床大力推广。

人际关系疗法是一种从人际关系角度帮助来访者从心理痛苦和心理疾病中得到缓解的临床心理治疗方法，最初是由精神卫生专业人士来使用的治疗抑郁症的方法。发展至今，人际关系疗法已不再局限于抑郁症的治疗，而是适用于各种不同精神／心理性疾病、不同的年龄层，以及各种社区或医疗环境，其有效性也已无数次在高、中、低不同收入国家的个体及团体临床试验中得到证实。

人际关系疗法（IPT）把人们常遇到的人际问题分为了三类：第一类最常见的是人际关系的冲突问题，比如和家人朋友因看法不同而吵架闹矛盾，和同学或同事有分歧、不开心；第二类是角色转换导致的人际关系紧张，比如产后的女性因照顾孩子和老公或者婆婆有分歧，也比如第一次住宿和室友作息不同而发生冲突，这些都是在不同时期因角色转换而导致的人际关系紧张；第三类是指人际关系的哀伤和丧失，比如亲人的去世让我们陷入极度悲伤当中，或因搬家远离好友而导致的人际丧失等等。如果以上三个类别的人际关系出现了问题，又没有及时处理好，导致情绪的变化，久而久之就容易产生心理问题。

这本书谈论的是关于情绪（尤其是愤怒情绪）的问题，在我从事心理治疗的这些年里，也深深体会到，很多来访者在生活中的一些情景下特别容易生气，虽然事后能缓过神来，但在当下就是不能控制自己的情绪。而很多人的情绪出现问题，往往也是在平常的各种人际交往过程中，经意或不经意地被激发情绪反应。在帮助这些来访者从心理困扰和心理疾病恢复的过程中，协助他们认识和控制自己的情绪是一个非常重要的工作内容。

每个人都会有情绪，所谓七情六欲是我们接触外界的各种正常感受。情绪有正面的也有负面的，正面的情绪可以给我们带来积极的感受，但负面情绪也有其功能，它在提醒我们不开心、不满意。但如果不妥善对待和处理，负面情绪会使我们痛苦，甚至影响我们的正常生活。如何认识和及时调节负面情绪，是每个人的必修课。

这本书用深入浅出的手法，为读者阐释了人际关系疗法的观点。例如文中说到，丈夫原本想在高级意大利餐厅庆祝结婚纪念日，可惜太太已经有了其他安排，导致丈夫大发雷霆——这就是典型的人际冲突，而且越是关系亲密的人之间，越容易生气：因为"计划落空"了，我对你那么好，你却不领情。文中还提到尊重彼此的"领域"才能建立成熟的人际关系，也是从角色期待的角度，帮助大家理解什么引发了情绪激动。

本书以通俗简单的文字面向普通大众，帮助大家了解我们为什么会"情绪化"，"情绪化"背后到底是什么在作祟，在人和人交往过程中，如何才能收获畅快心情，我们为什么那么希望被别人看到和被别人认可，养成什么好习惯可以帮助我们避免"情绪激动"。书中举了很多生活中极为常见的场景和案例，虽然都是小事，但往往特别容易引发强烈的情绪。读完作者的剖析之后，我们会有豁然开朗的感觉，如果在生活中经历类似事件，也知道该如何应对了。

通过此书，既能学习情绪管理，又能在人际关系疗法理论指导下了解人与人的相处之道。作为同是引入人际关系疗法的专业人士，我强烈推荐水岛广子的这本书，让我们在稳定的情绪中创建属于自己的良好人际关系，提高生活幸福指数。

序言作者简介：

张露佳，临床心理治疗师，中国心理学会注册心理督导师，IPT 人际关系疗法（中国）临床及培训中心负责人，美国 / 加拿大认证康复心理咨询师（CRC）。目前就职于同济大学附属东方医院临床心理科。

CONTENTS 目录

第 2 章 "情绪化"的人欠缺"自我肯定"

第 3 章　了解彼此的"领域"，收获畅快心情

第4章 放弃"谁对谁错的拔河赛"又何妨

第5章 避免"情绪激动"的7个习惯

第 6 章　怎样与"情绪化的人"相处

别再
被情绪左右！

你是否遇到过这些问题——

"一激动就管不住嘴，每次都很后悔。"

"控制不住自己的火气，人际关系搞得很僵。"

想必许多人都不愿意变得"情绪化"，原因多种多样，例如：

·因为"情绪化"的自己显得不够成熟而难为情

·因为"生起气来与真正的自己判若两人"而感到沮丧

·总是板着脸，让旁人觉得"不好相处"

·说出去的话泼出去的水，经常一不小心就影响了人际关系

·与曾经闹过情绪的人结下梁子，无法像往常那样相处

·自己在他人眼中成了说话容易冲动的人，不被委以重任

·有时因为情绪激动而妨碍了工作和生活

·被贴上了"盛气凌人""神经质""惹不起"的标签，被人疏远

当然，所谓"情绪化"，并非单指"愤怒"这一种情绪失控。有时折磨我们的也可能是"不安"的情绪，例如：

·因为被人爱慕而感到局促不安

·因为不知道能不能做出成绩而心烦意乱，工作心不在焉

可见，"情绪化"不仅会给人际关系和工作造成巨大的影响，还会让自己的心情变得非常糟糕。

一旦处于情绪激动的状态之中，我们的内心便无法拥有平和的幸福。

例如，待在家里本应该舒心惬意，但却不知为何对妻子做家务的方法看不顺眼，结果在家里依然是心烦意乱，生活的品质明显下降。

当然，用这种态度对待家人，很有可能会造成家庭危机。尽管自己只是心直口快，但是说不定哪一天妻子就因

为"和这种臭脾气的人过不下去"而突然提出离婚。

那些自认为"平和淡定、绝对能够克制住自己情绪"的人，同样需要注意情绪问题。

因为其中的一部分人并非没有闹情绪，只是因为不善于处理这种状态而"假装自己没有闹情绪"。压抑内心翻涌的情绪不仅会形成一种巨大的压力，而且自我压抑的状态也会让自己无法专注于与旁人的沟通交流。

总而言之，不论是"容易感情用事"的人还是"能够克制情绪"的人，都会因为竭力避免变得情绪化而让自己在生活中受到百般的束缚。这才是"情绪化"问题的本质所在。

因为一旦"情绪激动"便难以自抑，所以要时时刻刻小心提防。于是乎，人就成了情绪的奴隶。

事实上，"情绪激动"也好，"假装心平气和"也罢，都没有任何益处。

然而，道理显而易见，可我们又为什么会"情绪激动"，或是要"假装心平气和"呢？

本书的目的就是要解答这个疑问，并介绍以下内容：

· 怎样避免"情绪激动"恶化为"愤怒"这种反应？

· 怎样在避免"情绪化"的同时又无须压抑情绪？

· 怎样避免被"情绪化"的他人所伤？

· 怎样养成"不被情绪绑架"的好习惯？

我是一名人际关系疗法取向的精神科医生，也将这种疗法从西方引入了日本；我曾志愿参与心态疗愈（AH：Attitudinal Healing）活动，而且曾以众议院议员的身份结识了众多被情绪所左右的人（情绪同样对政治影响巨大），因而在这里我尤其想要声明一点：

"情绪化"的症结并不在于情绪本身。

这个结论是否出乎你的意料？

想必在很多人看来，我们之所以会"情绪化"，都是由于情绪造成的，因此才会一味想方设法地去控制情绪。

而且基于对"情绪化"的负面看法，在很多人眼中，情绪本身就是一种困扰。

其实，这完完全全是一桩"冤案"，情绪是无辜的。

不仅如此，"重视情绪"甚至可以说是"避免情绪化"的一个重要前提。

本书的正文部分将会详细介绍一些具体可行的方法，帮助大家自如地应对情绪。

许多人曾经因为"不想感情用事"而阅读了很多相关书籍，也尝试过很多方法，情绪小小不言时姑且能够应付，可一旦情绪超过某一阈值便一筹莫展。

而且"抛开情绪""等一等，让自己冷静下来""别往心里去"等方法，对于一些人而言，可谓"说起来容易做起来难"。

希望本书能够为身处如此困扰的读者们阐释"情绪化"的来龙去脉，从而学会重视情绪，步入高品质生活，避免由于"情绪化"而在生活中处处碰壁。

第 1 章

人为什么会变得
"情绪化"

"情绪"
究竟有什么作用？

首先，来看一看人为什么会变得"情绪化"。

一般来说，"情绪化"指的是人被情绪支配，无法进行冷静的思考。

基于这种表述，很多人顺理成章地认为"情绪化"的症结在于情绪。但是事实上，一如前言所述，情绪本身并不存在任何问题。

在本书中，清白无辜的正常情绪当中的"情绪"二字不加引号，而那些特别强烈、难以控制、给人造成困扰的情绪，则会使用加引号的"情绪化"来加以区别。

那么这种不加引号的正常情绪，又有什么样的用处呢？

它是人体生来就具备的自我保护机能。

打个比方，"烫"和"疼"等身体上的感觉，反映的是"目前的状况会对自己的身体造成怎样的影响"。

这样我们就可以保护自己的身体。譬如感觉"烫"，就缩回手；感觉"疼"，就把硌脚的东西挪开，或是包扎一下伤口。

由此可见，如果身体不具备"烫"和"疼"之类的感觉，将会十分危险。

同理，情绪也可以看作是心灵上的感觉。

例如，"不安"是一种在安全得不到保障时涌现的情绪，当我们感到不安，便会谨言慎行。总而言之，情绪的作用就是反映：

・**目前的状况会对自己的心灵造成怎样的影响？**
・**目前的状况会对自己这个个体造成怎样的影响？**

说起"情绪化"，我们脑海中首先浮现的就是怒气冲天或者心烦气躁的状态，那么"愤怒"这种情绪传递的是什么信息呢？

简而言之，就是"自己身处困境"。

可能有人会说，自己并没有遭遇什么困境，之所以火冒三丈是因为错在对方。但即便是错在对方，也意味着"自己笃信的正义没有得到伸张"，对于自己来说依然是被困扰的状态。

要点

情绪的存在，是为了保护自己。

生气
是因为"计划落空"

方才谈到"愤怒"反映的是"自己身处困境",至于造成困境的原因则是多种多样的。下面就来看一看这些原因吧。

第一个原因是"计划落空"。

【案例】

原本兴冲冲地打算在高级意大利餐厅庆祝结婚纪念日,结果妻子却说"已经约了朋友",于是我大发雷霆,回敬一句"随你的便!"

在这个案例当中,谁都没有恶意,结局却令人唏嘘。

丈夫精心筹备想要和妻子度过一段甜蜜的时光，但没承想妻子已经有约在先。

丈夫认为夫妻二人共度结婚纪念日是理所应当，妻子却不是这样想。

为什么会这样呢？

有可能是夫妻二人保持着年年庆祝的习惯，今年妻子一时疏忽；也可能是往年都未能庆祝，丈夫心存歉疚，下定决心今年要给妻子一个惊喜。

然而不论哪种情况，从丈夫的立场而言显然都是"计划落空"。

因为丈夫的既定计划是"在高级意大利餐厅度过美妙的夜晚，妻子欣然接受并沉醉其中"。

许多情况下"情绪化"的第一步就始于这种"计划落空"。

"什么情况？"

"不应该是这样的！"

"怎么会这样？"

一旦计划赶不上变化，就会产生诸多类似的情绪。

我将这种情绪称为"计划落空的愤怒"。

人遭遇"计划赶不上变化"，自然而然会产生愤怒的情绪。

计划落空（或是被打乱）终归是一种困境，而困境会催生愤怒的情绪。

此外，想必也掺杂了些许的孤独和悲伤，毕竟其中也有几分"被妻子拒绝"的色彩。

在这个案例中，由于事出突然，人变得"情绪化"也是情有可原。

> **要点**
>
> 因为"计划落空"而身陷困境，
>
> 是愤怒的内因之一。

不妨坦然
认可自己的情绪

让我们再换个角度思考一下。

前文谈到，情绪是人自身具备的一项重要机能。

这种情境下产生的情绪（愤怒或孤独），反映的是"眼下这种情况自己应付不来""感觉不到妻子对自己足够的爱，感到备受冷落"。

倘若坦然地认可这种情绪，又会怎样呢？

假如告诉妻子，"我本来特意计划在高级意大利餐厅庆祝结婚纪念日，但结果你来不了，挺扫兴的"，那么妻子或许也会给予温柔体贴的回应。

而且这种沟通交流在整体上对今后的夫妻关系也有益处。因为丈夫展现了他对结婚纪念日的重视，也表明了他希望与妻子共度弥足珍贵的时光。

然而，现实中的结果却是丈夫变得"情绪化"，妻子被丈夫大吼一声"随你的便"，两人的关系出现裂痕。

最终，丈夫心里同样留下伤痕，觉得"再也不想庆祝什么结婚纪念日了"，而这对于夫妻关系的方方面面都会造成伤害。

那么怎样才能避免这种心与心的误解呢？

首先要关注自己的情绪（愤怒、孤独）。

其次要认可自己的情绪，要认识到"在某种状态下产生某种情绪，是人之常情"。

要 点

关注情绪、认可情绪，才能把真正的感受
传递给别人，避免误解的产生。

生气
是因为"遭受冲击"

还有一种与"计划落空的愤怒"十分相近的情绪，叫作"遭受冲击的愤怒"。突如其来的冲击，会给人造成巨大的影响。

【案例】
因为被朋友说了一句"你连这都不知道？"就情绪激动，自己也受不了自己这种一点就炸的坏脾气。

在这个案例当中，听到朋友说"你连这都不知道？"就是一次冲击。很多人都想不到朋友会猝不及防地说出这么一句话。

那么冲击为什么会转化为"愤怒"呢？

因为人本身就会习惯性地把变化视为"压力"。

即便是自己所期盼的变化，也会引起诸多不适。例如，虽然踌躇满志地坐上了自己期盼的职位，但是工作却未必顺利，或是责任过于重大，或是工作方式必须要做出改变，总之多多少少地会感到一些压力。

想要"按部就班"，以稳定的现状生活下去，是人的常态。

人们当然也想向"前"迈进一步，但前提是要按照自己的步调，并且要迈向自己期望的方向。

冲击是在突然之间动摇了这种"按部就班"的基本姿态，因此人们会在遭受"冲击"的时候将其视为一种"攻击"。

人们面对攻击的反应各不相同。有人呆若木鸡，有人出手反击，有人甚至会丧失自信心，认为正是因为自己无能、无知才遭受攻击。但是，大多数时候人们都会感到"愤怒"，有时还会陷入"情绪化"的状态。

当然，在这个案例中，说"你连这都不知道？"的朋友可能根本没有意识到"自己攻击了对方"。

可是对于听者而言，这就是赤裸裸的攻击。

原因就在于人与人之间的差异——

天性如何？

受过何种教育？

身边有哪些人？

有过怎样的经历？

每个人都是独一无二的，旁人无从知晓。

如果不清楚别人的具体情况，就贸然说"你连这都不知道？"（言下之意是"这人真是无知，连理所当然的事都不知道"），这种对他人评头品足的姿态本身就是十足的暴行。

要 点

当一个人遭受冲击，他会将其视为"攻击"。

为什么评价他人
会演变为一种暴行？

前文谈到评价具有暴力色彩，而评价同样会引发愤怒。朋友的一句"你连这都不知道？"会让人火冒三丈，而这种愤怒包含了"遭受冲击的愤怒"和"被人评价的愤怒"。

那么，什么样的评价会演变为攻击？

评价分为客观评价和主观评价。

我曾在高速公路上行驶，时速达到128公里，结果因为超速被抓到了，这件事没有任何可争议的地方。

时速128公里是超速行驶，这就是一个客观评价。也就是说，这个评价不会因为评价者不同而发生任何改变。

我将客观评价称为"评定"（assessment），比如疾病的诊断结果等（评价者具备一定的经验和能力）都属于此类评价。

而与之相对的是主观评价，我将其称为"臆断"（judgement），它取决于评价者在某一阶段的自身经验和感觉，具有明显的主观色彩。

与情绪一样，主观评价也是我们保护自己的一种能力。

为了生活得更加安全，人们需要通过察言观色，做出诸如"这个人看起来很友好""这个人怪吓人的，要离他远一点"的评价，以此自我保护。当然，很多时候在渐渐熟悉对方以后，最初的评价也会随之调整。"做出评价"这个行为本身并没有错。

错误在于，非但意识不到"自己在肆意进行主观评价"，而且固执地认为"自己的评价对于任何人而言都是绝对正确的事实"。

一旦主观评价被散播为所谓绝对正确的事实，就有可能演变为"臆断"这一严重暴行。

"你就是在感情用事。这样在社会上是行不通的。"

"你对待工作太儿戏了。这样是干不出成绩的。"

"感情用事""儿戏"等都是臆断式的评价。

前文案例中的被评价者"受不了自己这种一点就炸的坏脾气",但是他遭到的是"你连这都不知道?"的突然袭击(冲击)和主观评价,火冒三丈其实无可厚非。

"愤怒"是一个人在突然被人批判时的正常反应。

要点

把主观评价当作客观事实散播出去,是对他人的暴行。

怎样避免"愤怒"发展为"情绪化"？

前文介绍了"计划落空的愤怒""遭受冲击的愤怒"和"被人评价的愤怒"。

计划落空、遭受冲击，或是被贴上了标签，人自然而然地会产生愤怒和不安的情绪。这只不过是情绪在告诉我们"目前出现了某种状况"，我们也得以意识到"自己遇到了麻烦"。

觉察到这一点，就可以不被情绪左右，并着手改变困境。

不过，这里我要列举几个试图避免"情绪激动"的典型例子：

譬如说，"否定自己的情绪，用积极的情绪取而代之"；

又例如活动身体、换个地方透透气等尝试转换心情，或是埋头专注于眼前的工作，等待情绪自然消退。

这些方法固然有用，但能够用这种方法克制的情绪，基本上都是一些小情绪。

小情绪处理起来并不难。如果你对上述方法信手拈来，那么完全没有必要舍弃这些做法。

不过，由于本书的读者或许想了解一些更加难以解决的情绪问题，所以我会详细阐述"情绪化"的原理机制和解决方法。本书的目标不是单纯的"大事化小"，而是要从本质层面解决问题。

因此，第一步，也是基本原则，就是要"将通常认为最好置之不理的负面情绪视为自然的、有益的情绪"。

某些情况下，认同"愤怒"的情绪并非易事。

尤其是遇到前文中那种被人说"你连这都不知道？"的情况，由于别人指出的是自己的"缺点"，所以还要受到"要进步就应该心平气和地虚心接受"的道德观念的制约

（这里的"应该"也是"情绪化"的重要诱因之一，将在第5章详述）。

可是，突然被人批评，换作是谁都会生气。作为活生生的人，有这样的反应再正常不过了。

因此，如果我们认识到"因为突然被人批评，受到了伤害，所以自己才会发火"，那么情况就会有所改观。

认为"应该听从对方的话"和自我安慰的"对方说得对，但是话说得很难听，让人不好受"，这两种情形下"情绪化"的程度截然不同。

显然，后者更不容易造成"情绪激动"。如果把这种情况转换成第三人称的视角，那么就更加显而易见了。

例如，当你向第三人倾诉"我被别人鄙视了，他说我'连这都不懂？'"这时对方如果能够感同身受地说"他话说得真难听啊！""那种事不知道也无所谓嘛。"那么你非但不会情绪激动，甚至还能让心情恢复如初。

但是，如果在你倾诉之后，第三人说"你确实是不懂呀！感到被人鄙视是你自己反应过度。而且他说你也是为了你好，别太往心里去就行"，结果又将如何呢？

恐怕本来就憋着火气的人火气会更大吧。

要 点

认同愤怒的情绪，不然"情绪化"会愈演愈烈。

"情绪化思考"
让人越想越气

　　无论是"计划落空的愤怒"，还是"遭受冲击的愤怒"，或是"被人评价的愤怒"，都是暂时性的情绪。只要查明原因，很快就能摆脱情绪的控制。

　　但是，有些时候我们自己也会源源不断地产出瞬时性的"烦躁"和"愤怒"。比方说下面这个例子——

【案例】
给下属吩咐了工作，结果他根本没干就下班回家了，气得我无心工作。

　　这也是陷入"情绪化"的一种常见形式。

这种"情绪化"始于"下属没有完成应该完成的工作"这一"冲击性"的发现。同时对于上司来说这也是一种"计划落空"。

原定计划是"这项工作由下属完成"，因此当意外出现时，我们大部分人都会"愤怒"。

以上都是再正常不过的反应，不存在任何问题。

"愤怒"这种情绪类似于一种信号音，一旦出现了计划赶不上变化的冲击，愤怒就会随之产生。

需要选择的，是接下来怎么做。

事实上，像这个案例那样，"情绪化"的程度已经让人无心工作时，就很可能会不断催生更多的情绪。

起初只是对计划落空和冲击的正常反应，但随后就会联想到"这个人，吩咐给他工作，他干也不干就跑回家了，脑子里究竟在想什么？""他是不是没把我放在眼里？"越想越复杂，火气也越来越大。

由此可见，"情绪化"的症结不在于情绪，而在于思考的方式。

这个认识非常重要。

面对突发情况，一时间情绪自然流露，没有任何问题。这只是对于"计划落空""受到冲击"或"遭受主观臆断"的自然反应。

然而，一旦想多了，联想到"他没把我放在眼里"，那么事态顿时为之一变。这一刻也就成为人"情绪激动"的起点。

本书将这种"容易让人情绪激动的思考"称为"情绪化思考"。

由于最初的"冲击"而产生的"愤怒"无所谓好与坏，但是从现实角度而言，后续源源不断出现的怒气却没有丝毫益处。

毕竟眼下下属已经下班，不可能让他再回来工作。

那么，面对这种状况应该怎么办呢？

人们可能会说：

"既然生气也没用，还是消消气吧。"

"应该克制怒气。"

如果火气不大，或许可以一笑了之。如前文所述，还可以活动身体，或是出门走走，让身体换一个环境，轻轻松松消除愤怒的情绪。类似的方法不胜枚举。

但是，如果采用了这些方法之后依然没有好转，那么"应该克制怒气"的想法就有可能会让事态愈发严峻。

换言之，压抑愤怒会适得其反，会导致"情绪化"的程度愈演愈烈。

其原因就在于，我们会因为自身无法克制怒火而激发新的怒火，进而让大脑失去理智。

结果就演变为只有自己一个人被坏心情反复折磨，在情绪的死胡同里绕不出来（下属却不知道正在什么地方潇洒）。

那么，下面让我们来看一看到底应该如何思考。

要点

"情绪化思考"会源源不断地制造"愤怒"。

"情绪化"的背后是
"不想被人小看"

首先来看这个想法："这个人，吩咐给他工作，他干也不干就下班回家了，脑子里究竟在想什么？！"

显然这里当事人生气的原因之一，就是"吩咐的工作下属干也没干就下班回家"所造成的冲击。

但是这种程度的冲击并不会造成持续性的愤怒。

这就好比是小脚趾头撞上了家具腿，虽然当时疼得动弹不得，但是几分钟之后就没事了，一般来说时间过去越久，痛感也就越弱。

尤其是对于这种情况来说，上司本人手头也有亟待完成的工作，所以只需专心致志埋头工作，"冲击"的影响理应渐渐消失。然而这个想法为什么还会在脑海里挥之不去呢？

因为"吩咐的工作下属干也没干就下班回家"引发了另一个想法——"他没把我放在眼里"。

他不是单纯性的遗忘，而是"小看自己"。这种思考就属于不断引发愤怒和屈辱感的"情绪化思考"，也往往会导致"情绪激动"。

在几乎所有的案例中，即便是没有达到"被人小看"的程度，人们也都认为"自己没有得到尊重"。

例如两人发生碰撞，道歉与否所造成的"情绪化"，同样是一个涉及"有没有被人小看"的问题。

这种想法会将自己置于弱势的地位，这一点会在后文详述，现在我们主要关注其"效果"。

越是思考"他有没有把我放在眼里"，人也就越生气，最终导致的结果就是"不能被人小看"。

然而无奈的是，眼下对方人又不在。或许可以在情急之下给对方打电话，但是这种做法又能够赢得对方的尊敬吗？我认为答案是"NO"。甚至如果上司火冒三丈地给下属打电话，只会让下属觉得他"小肚鸡肠"。

由于"情绪化"意味着无法冷静地自我克制，因此它常常被等同于不成熟的表现，这已然是一种社会共识。

因此，当面锣对面鼓地质疑别人"有没有把我放在眼里"，其结果很可能是自己更加让人看不起。

要点

越想让人看得起，反而越发让人看不起。

"情绪化"
是一种不合理的自我保护

前文谈到，情绪是一种自我保护机能。正如痛觉是为了保护肉体，生气则是为了让人意识到"自己遭受到了某种侵害"，从而保护自己的心灵。

基于这种观点，可以说"情绪化"是一种剑走偏锋的"心理防卫"。

但是，这种"情绪化"的保护方法非但没有效果，甚至会让人暴露在更严峻的危险面前。

最初的愤怒情绪纯粹是对计划落空或冲击而做出的反应，但为了保护自己，它演变为"情绪激动"，不但让自己备受折磨，有时还会被对方鄙视，或是遭到对方的回击。

本书将这种不合理的自我保护称为"防卫偏离"。

这个词有些古怪，"防卫过当"或许更为浅显易懂。

"防卫过当"（也是一个法律词汇）指的是防卫行为过于激烈，超过了一定的尺度。但是这里的"防卫偏离"，偏离的并非"尺度"，而是"方向"。

也就是说，本应该保护自身的机能丝毫没有向自身提供保护。譬如前文的案例，对于"吩咐的工作下属干也没干就下班回家"这件事，上司尽管大为光火，但是依然无法赢得下属的尊敬，甚至一个危机处置能力较差的上司很可能会让下属更加看不起。

要点

"情绪化"的自我保护，

会让人暴露在更严峻的危险面前。

"解释"能够比"发脾气" 更好地保护自己

来看另一个案例。

> 【案例】
>
> 今晚第一次和恋人约会,上司竟突然通知加班!
> 一气之下失口说了一句"这种公司我不伺候了"。

这个"计划落空"显然非常严重。当事人理所当然深受打击,浑身上下充满负能量。但是脱口而出"这种公司我不伺候了",则显然是一种"防卫偏离"。

出现这样"情绪化"的反应,应该归结于"计划落空"和"自己没有得到尊重"的"情绪化思考"的强烈共同作用。

自己弥足珍贵的时光被他人无所顾忌地夺走，并因此感到自己没有获得人格上的尊重，其实是人之常情。

尽管他可能是想用表达愤怒的方式来保护自己免受蛮不讲理的公司的侵害，但实际上这种方式不仅起不到保护的作用，还会让自己被看作是一个"易怒的人"，只会让自己的职场环境更加糟糕。倘若上司当时从字面意思来理解"不伺候了"，真的让他离职，那么更是连工作都不保。

这种情况下如果要保护自己，就应该如实相告："今天实在是有要紧的事脱不开身。"

如果只是一味地发火，对方始终都无从知晓你的诉求。

从长远角度而言，用"今天实在是……"的方式向上司说明情况，才能够更好地保护自己。

要 点

发脾气也是一种"防卫偏离"，

别人可能并不知道你的诉求。

为什么会一错再错？

"防卫偏离"引发的问题不仅仅是"愤怒"。

请看下面的案例。

> 【案例】
> 犯错以后惶惶不安，结果又接二连三地犯错。

所谓"情绪化"，指的是情绪占据主导、人失去理智的状态。

除了"愤怒"之外，"不安"也是一种会导致这种状态的情绪。而且它与"愤怒"一样，会在"情绪化思考"的作用下滋长繁殖。

犯错具有冲击性。因为人是在按部就班的过程中突然发现（被指出）了错误。

人在遭受冲击之后会因为"不想再次遭受冲击"而保持高度警觉，所以脑子里都是"怎样才能避免再次犯错"，以致无法集中精力，进而一错再错。

这时，除了应对冲击的警惕性，"自己是不是很容易犯错""再犯错别人会怎么看我"等"情绪化思考"也会施加影响。于是，人就在不断膨胀的不安情绪里饱受煎熬，造成再次犯错。

这种"忐忑不安引发一错再错"的状态，也属于一种"防卫偏离"，但是身心在遭受冲击之后，难免会进入"试图避免再次遭受冲击"的模式，所以出现这种状态也是情有可原的。

不过，只要能够意识到"自己遭受了冲击"，那么在完全冷静下来之前稍事等待，就能够避免"防卫偏离"造成进一步的伤害。

起码要能够意识到"现在正处于遭受冲击的状态，一定要比平时更加小心"，这样便能够更加平稳地度过这个阶段。

我们一直在谈论"情绪化"，而"情绪化"本身其实也是一种"防卫偏离"。

我们探讨的并不是"情绪化等同于不成熟"等层面的问题，而是更深层次的"无法实现自我保护"的问题。

因此，希望读者能把这本书看作是一本介绍如何正确保护自己的书。而要正确地保护自己，就需要把控好情绪。

下面让我们来看一看把控情绪的方法。

要点

意识到自己正在遭受冲击，才能从容应对。

第 **2** 章

"情绪化"的人
欠缺"自我肯定"

YES

"情绪化"类似于
创伤后应激障碍（PTSD）？！

在上一章我们介绍了人变得"情绪化"的原理，但是面对同一种状况，并非每个人都会"情绪激动"。那么"容易感情用事的人"和"不易感情用事的人"有什么区别呢？

首先，易于"情绪化"的人的特征之一，就是他们"对自己真正的情绪缺乏足够的了解"。

创伤后应激障碍（Post-Traumatic Stress Disorder，简称 PTSD）就是一个极端的例子。

读者或许会想："我读这本书是因为不想变得情绪化，怎么会扯上什么创伤后应激障碍？"但其实创伤后应激障碍与"情绪化"这个主题息息相关，下面我简单介绍一下。

首先，创伤后应激障碍是一种心理疾病，患者在经历了强烈的心理冲击后，内心受到伤害，一段时间以后这些创伤依然会引发焦虑、恐慌等各种各样的症状。

例如，曾在战场上出生入死的人即便身处和平环境，也依然处于神经紧绷的状态，对周遭环境和他人保持警惕（这种症状被称为警觉性增高症状）。也许在真正危机四伏的状态下，这是一种正确的防御方式，但是对于目前安全的环境而言，这就是一种"防卫偏离"。

那么，为什么这些人在安全的环境中仍然要保持着防御姿态呢？

这是因为创伤后应激障碍的患者在观察世界的时候，都戴着"世界充满危险""任何一个人都会背叛自己"的有色眼镜（评价）。

这种情况并不仅限于创伤后应激障碍的患者。

我们在审视事物的时候，通常都会带有这种"主观评价"。或者说，我们是通过自身经历所建立起来的"数据库"来看待这个世界的。

"易于情绪化"的人群同样拥有属于自己的"数据库"。

例如，如果一个人的"数据库"包含了"人们总是看不起我"的信息，那么当别人在和他谈话期间打哈欠，一般人会想对方是不是累了，但他则会认为这是对方"看不起自己"的一种表现。

创伤后应激障碍可以通过很多方法加以治疗，在我的专业——人际关系疗法范畴中，就可以通过让患者关注情绪来达到治疗效果。

原因在于，暴露在强烈创伤性环境中的人会逐渐丧失对自己情绪的感知能力。

由于经历太过痛苦，生理机制便会在个体无意识的情况下，采用麻痹情绪、降低现实感知能力等方式，来确保生命的存续。例如，由于童年时遭受残酷虐待或欺凌，以致一旦身处肉体无法逃离的环境，就会出现精神性的"逃离"。

这种状况会演变为一种叫作"解离"的症状，更有甚者还会发展为人们耳熟能详的"多重人格"（解离性人格障碍），丧失一定时期的记忆或现实感知能力。患者之所以会产生这些症状，是因为他们在很多情境下都无法直面自己的情绪。

人际关系疗法治疗的核心手段是让患者处于"治疗"这种安定的环境之中，让他们能够感知到自己的情绪，并且能够根据情绪去营造让自己更舒服的环境。患者需要通过直面情绪并向值得信赖的人表达自己的情绪，找回对他人、对自我的信任感。

事实上，即便面对的是"值得信赖的人"，患者也只有在安全的环境中才能吐露自己真正的情绪。这一点意义十分重大。

【案例】

朋友鼓励患者让他"想说什么就说什么，多说一点"，但因为患者从小被教育"要忍耐"，所以不知道自己究竟想要说些什么。

有些人由于孩提时期形成了自我压抑的习惯，导致很难正视情绪，上面这个案例就是如此。

又比如酒精依赖症患者，很多时候都在逃避自己的情绪，因为没有用言语表达"自己身处困境"并寻求帮助的习惯，所以在逃避痛苦的时候只好求助于酒精。

【案例】
离婚以后我成了一个工作狂。一旦放下工作就觉得手足无措，一看见游手好闲的人就来气。连自己都觉得自己变成了一个利用职权霸凌下属的上司。

在这个案例中，当事人并没有直面"内心的寂寞"，而是用无穷无尽的工作来逃避，然而这种方法终将导致人的精神消沉。

如果他正视自己离婚后的情绪（寂寞、空虚），认识到"离婚就是这样让人心力交瘁"，就可以心平气和地自我接纳。

相反，倘若横下心把情绪密封起来，"让工作成为生活的全部"，结果又将如何？很可能终日神经紧绷，还会给周遭的人际关系造成负面影响。

由此可见，正视自己的情绪十分重要。即使是在无意识的状态下，我们的身心也能感应到某些问题，并且将其以某些症状表现出来。

人体实在是神奇。症状的出现，往往是在提醒我们：

这个人需要帮助。

不论一个人有没有经历离婚的伤痛，都需要在安全的环境中感知真实的情绪。这是迈向健康生活的第一步。

对于那些在成长过程中被教育要"忍耐""克制""不应该有负面情绪"的人，首先是要让他们认识到自己究竟身处"何等危险"的境地。

要 点

在无意识的状态下，身心也能感应到某些问题。

什么是自我肯定?

很多患有心理疾病的人，例如创伤后应激障碍患者，自我肯定程度都很低。所谓自我肯定，就是"对当前自我状态的无条件肯定"。自我肯定是实现健康幸福生活的重要条件，而自我肯定程度低则与"情绪易于激动"有着密不可分的关联。

许多"情绪化"的人看上去更具攻击性，或许有人认为"这是自我肯定程度高的表现"，实则不然。

自我肯定好比是"心灵的氧气"。

缺氧会让人窒息，氧气与生命息息相关，自我肯定的作用与氧气别无二致，欠缺自我肯定，人就会感到憋闷、痛苦。尽管它看不见摸不着，可是一旦它消失了，各种各样的症状就会随之产生——

感到自己毫无价值，自己的人生同样毫无意义。

感到没有人爱自己，也没有人在乎自己。

最严重的是，就连自己也不再关心自己。

如果自我肯定的程度较高，就可以获得一种"没关系，车到山前必有路"的安全感。

但如果自我肯定程度较低，那么我们必然会慌慌张张地搜寻自身的缺点，在这种状态下，心灵自然得不到安宁。

要 点

总是在搜寻自身的缺点，会让人"情绪激动"，很难获得内心的安宁。

是否感觉
"现在这样就挺好"？

继续来看一看"自我肯定"。

我们每个人本都应当得到尊重。

也许有人会这样想：

"懒惰者不应该获得尊重。"

"只有成功者才能获得尊重。"

然而，每个人的阅历千差万别，也正是千差万别的阅历形成了每个人现在的样子。何况人也是生物，也需要休息，也都有力所不及之事。纵然一遍又一遍地鼓励自己"再加把劲"，也不一定能够成功。

由此可见，普遍状况下我们只能得到一个结论，那就是"现在这样就挺好"。

明天还要更上一层楼。不过，立足当下，要看到"现在这样就挺好"。只有肯定现在的自己，才能获得真正的进步。

缺乏"现在这样就挺好"的感觉，犹如沙上建塔，势必倾覆。遇事也容易张皇失措、胡乱开炮，造成"防卫偏离"的状态。

这就像是害怕蟑螂的人，只要一察觉蟑螂的动静，就不管不顾地四处喷洒杀虫剂，根本无心思考这里究竟有没有蟑螂，喷洒杀虫剂是不是最好的办法，又会不会对环境造成危害。"有蟑螂！太可怕了！"只要心里一萌生这种感觉，他们顿时就会一蹦三尺高。

"情绪化"也是类似的状况。

冷静斟酌一下，或许就能找到更为行之有效的方法。

而一旦执拗于眼前"我被教训了""对方怎么就听不明白我的话呢"等感觉，就会冲动地想要"回敬"。

但是归根结底，这种"回敬"也只是本人的一厢情愿。

被情绪所左右的人无法了解对方真正的需求，而且会在周围人群中制造紧张的空气。

　　真想要保护自己，就应该坦然接受本来的情绪，冷静地采取行动。如果为某事而生气，就要承认自己身处困境，寻找改善的对策，或向他人寻求帮助。

　　总之，一方面肯定自我，认可"自己现在这样就挺好"，另一方面思考如何应对眼前的突发情况，就能冷静处置，避免"情绪激动"。

要点

立足当下，肯定自我，才能获得真正的进步。

麻烦的根源在于
"角色期待"的偏差

首先来看一个案例。

【案例】

工作陷入低谷，回家向丈夫倾诉，丈夫非但没有
一句安慰，还向我发了一通他自己的牢骚，真想
掐死他。

在这种情况下，妻子应该怎样想，又应该采取什么行
动呢？

在此之前，先来介绍一下"角色期待"的概念。

本书前言中提到过，我将西方的"人际关系疗法"引入日本，并专业从事这个流派的治疗工作。这种疗法的基本理念是帮助患者了解自己所拥有的人际关系形态，以及人际关系与病症之间的相互联系，从而展开治疗。

现在，我们所说的"角色期待"，就是"人际关系疗法"中的一个重要概念。

所谓"角色期待"，指的就是"你之所以会对某人产生不满，是因为这个人没有达到你的期待"。

在这个案例中，妻子对丈夫的期待是"我向你倾诉自己工作中的烦恼，然后你要安慰我"，然而现实中丈夫的做法却出现了差异，他只是发了一通他自己的牢骚。

有很多方式可以应对这种"角色期待"所造成的偏差，下面要介绍的一种思维方式就是去思考："对丈夫而言，这种期待是否现实可行？"

尽管存在着个体差异，但是从整体而言，大多数男性在察言观色方面确实不及女性。不擅长察言观色，就意味着如果不用语言告诉他们，他们根本无法理解自己被寄予了何种期待。

那么，可不可以把对丈夫的"角色期待"变为"我因为工作陷入低谷而需要安慰，请你安慰我"？

想必这样表达以后，很多丈夫都会给予妻子安慰。当丈夫开口发牢骚时，可以告诉他"你先打住，今天我想让你听我吐槽。求你啦！"这样效果会更好。男人大多是"课题达成型"，只要你告诉他要做什么，他就会做得很好。

妻子之所以会火冒三丈，是因为丈夫对她的"角色期待"无动于衷，这同样是一种"计划落空的愤怒"。弄清楚自己怀揣着哪种"计划（期待）"，可以减轻自己在现实生活中的压力。

<u>**这就是所谓的"善用情绪"。**</u>

具体而言，就是告诉丈夫："我工作陷入了低谷，请你安慰我。"

要 点

弄清楚自己在期待什么，才能善用情绪，达成目标。

"你心里就没有我!" 这种想法会让人渐行渐远

前文谈到，善用情绪可以避免"情绪激动"，但在实际生活中，如果遇到类似于这对夫妻的状况，可能很多人都会"情绪激动"。为什么会这样呢？

这是因为当妻子看见自说自话的丈夫，她满脑子想的都是：

"你心里压根儿就没有我!"

"你一点也不尊重我!"

毫无疑问，这就是前文提到的"情绪化思考"。

妻子像这样情绪激动，丈夫也会心生反感，而且自始至终一头雾水，不明白"她究竟想要我干什么"。

最糟糕的局面就是丈夫丝毫没有领会妻子的意图，反倒认为"她是不是更年期了"。

一旦妻子脑子里充斥着"情绪化思考"，那么她眼睛里看到的就不再是丈夫，而是"你心里压根儿就没有我！""你一点也不尊重我！"怒潮便一浪接着一浪。

即使丈夫不再发自己的牢骚，妻子的怒气也不会平息。有些时候，这种情况还会升级到"可能两人离了更好"的程度。

这就是"情绪化思考"让事态逐渐升级的过程。思考已经脱离了最初的问题，不断催生"冲动"的情绪。

在"情绪激动到谈不下去"的情况下，即便是想要沟通，也会受制于"情绪化思考"，永远话不投机。

例如，一些陷入了"情绪化思考"的人，看到前文提到的解决方法——"让发牢骚的丈夫停顿片刻，说出自己对他的'角色期待'"——可能更是气不打一处来："什么？难道我不说他就想不到吗？"

或许在那些认为"老公心里压根儿就没有我""老公一点也不尊重我"的人眼中，就连这个章节都是在"给我老公撑腰说好话，太差劲了"。

即便是阅读同一篇文章，心态积极的人想到的是"原来问题还可以这样解决"，容易"情绪化"的人则会反问"你在说什么？"

之所以会产生这种区别，就是因为每个人看待现实问题的视角不同，换言之，就是世界观存在差异。

> **要 点**
>
> "情绪化思考"会让世界看起来迥然不同。

善用情绪，
有别于"积极思维"

转变思维，从而转变看待和感知世界的方式，这绝对算不上是一个新观点。

例如，"积极思维"就是其中之一，也就是通过积极乐观的思维方式来看待现实。

但是，本书所传递的理念与"积极思维"是完全对立的。

因为所谓"积极思维"是对自身负面情绪的一种否定。这种观点认为"消极情绪是不好的，因此要向积极情绪转变"。

然而，像这样否定和压抑自己的情绪，日积月累，总有一天，不是在郁积中爆发，就是在郁积中灭亡。

否定自然产生的情绪是极其不健康的。

这就好比是被烫了之后感觉疼，还要说一句"不烫不烫，凉爽得很"。

"肯定自己的负面情绪"是本书的根本观点。

来看一看前文的案例。

由于丈夫没有达到妻子寄予的"角色期待"，所以妻子产生了"愤怒"情绪，来表示自己"身处困境"。

这种情绪不应该被否定。

当然，这种情绪会在"你心里压根儿就没有我！""你一点也不尊重我！"等"情绪化思考"的作用下逐渐发展为"情绪激动"的状态。

此时如果引入"角色期待"的思维方式，情况就会得到明显改观。

自己究竟对对方寄予了怎样的"角色期待"？

这种期待，自己向对方表达到了哪种程度？

思考这些问题，能够让人迅速冷静下来。

如果单纯思考比较困难，还可以把这些问题写下来。

把各种想法摆在面前，处理起来会更加方便和从容。

"摆在面前"，可以是与心理医生聊天，也可以是向可信赖的朋友倾诉，而自己把它们写在纸上也同样有效。

如果妻子能够把"角色期待"校正为"告诉丈夫自己因为工作陷入低谷而需要安慰，然后请他安慰我"，那么就可以更顺利地将这种期待表达给丈夫。

而后，妻子面前的丈夫或许就是一副全新的姿态了：

他虽然不善于观察妻子的神色，却想要为妻子排忧解难；他虽然迟钝笨拙，却努力倾听妻子诉说。

当妻子看到这样的丈夫以后，就可以放下"你心里压根儿就没有我！""你一点也不尊重我！"等"情绪化思考"了。

可见，"情绪化思考"可以通过与对方面对面的沟通交流加以校正。

最初妻子想的或许还是"什么！难道我不说他就想不到吗？"但当她看到丈夫的态度以后，自己的"情绪化思考"也会随之烟消云散。

要点

"情绪化思考"可以通过
人与人的沟通交流来加以校正。

想说的话
为什么会说不出口？

很多人遇到的问题是："心里明白表达自己的'角色期待'很重要，但就是说不出口"。这是为什么呢？

【案例】

一直以来我就很讨厌丈夫脱下袜子四处乱丢，但因为他说过不要为了一些小事唠叨，所以我就一直忍着。结果有一次火气突然就蹿上来了，冲他大吼："你给我注意一点！"

我们来思考一下，为什么一直忍耐的妻子会突然情绪爆发？

在四处乱丢袜子这个问题上，丈夫对妻子的"角色期待"是"不要为了一些小事唠叨"。而妻子对丈夫怀揣的"角色期待"是"丈夫应该自己把袜子收拾好"。

但是，丈夫并没有按照预期采取行动。妻子一方面自我忍耐，一方面在努力达到丈夫对自己的"角色期待"。

这样的偏差形成了一种压力，并且积累得越来越多。

某一刻怒火突然爆发，"自己一直在被迫忍耐"的想法又火上浇油，于是就造成了严重的"情绪激动"。

类似的过激情绪的出现，往往与"受害者心态"密切相关。

"受害者心态"指的是"只有自己吃亏""只有自己被迫牺牲""为什么总是只有我……"等一些感觉。

在这个案例中，妻子的"受害者心态"的实质是"自己不受重视"。

而突然被妻子怒斥的丈夫也一定是一脸错愕，因为自己一直就是这么做的，但妻子突然爆发的情绪否定了之前他习以为常的事情。

对于一个成年人来说，自己收拾好袜子（至少要放进洗衣机）是理所应当的。而丈夫连这都做不到，所以妻子对他产生"不爽"的情绪也是人之常情。

但是，如果妻子不开口说出"起码要把袜子放进洗衣机吧"，那么丈夫也无从知晓妻子的要求。

面对这种情况，从妻子的角度出发有两个解决方法：

方法① 把责备的口吻变成"请求"

可想而知，丈夫之所以会说"不要为了小事唠叨"，是因为妻子先责备他"又乱丢袜子！"

由于男性十分在意自己的表现，所以他们非常不善于应对批评。责备意味着他们"表现不好"，会让他们心灰意冷、愤愤不平，或者干脆关闭沟通交流的大门。

其实，只需将"责备"的口吻变成"请求"，袜子的问题便能够迎刃而解。

如果妻子的表达方式确实存在问题，那么采用"请求"的口吻不仅能够改变丈夫的行为，妻子自己也不会动不动就"情绪激动"。

妻子或许会想："自己收拾袜子是理所应当的，还需要特意求他？"但只要设想一下丈夫也一直战战兢兢、格外关注"自己表现如何",做妻子的多多少少都会心软一些。

如果妻子提出请求之后，丈夫依然是那一句"不要为了小事唠叨"，那么就要用到第二个解决方法了。

假设妻子这边已经诚心诚意地提出了"请求"，丈夫那边却还是一副不屑一顾的态度，就好像妻子是个小肚鸡肠、为一点小事唠叨个没完没了的人，那就说明夫妻关系并不和谐。有些家庭中甚至还会有更为极端的情况：丈夫高高在上，对妻子颐指气使。

毫无疑问，"这种丈夫太过分了"。但从另一个角度来看，妻子的自我肯定程度低，也是导致这种情况的因素之一。

方法② 尝试聚焦"自我肯定"

如果妻子具备一定程度的"自我肯定"，那么她就会直接告诉丈夫："把脱下来的袜子放到洗衣机里面去！"当丈夫说"不要为了小事唠叨"的时候，她也会开口反驳："小事也很重要啊！"

想说的话说不出口，一直憋在心里，很可能是因为自

我肯定程度低。

每一个自我肯定程度低的人都有各自的原因，自我表达对于他们而言是一件极其困难的事情，哪怕只是短短的一句话。

但是，如果丈夫面对妻子"请求"的口吻仍旧摆出抵触的姿态，那么就应该严肃认真地重新审视夫妻彼此间的关系。就算是为了看清两人的关系，也要鼓起勇气自我表达。

在实际治疗过程中，常常会有妻子说："跟我丈夫这样说话简直是对牛弹琴！"可是当丈夫们真正听到妻子的"请求"以后，都很自然地回应"知道了"，仿佛一下子卸下了肩头的重担。其实，很多男性只要得知解决方法，就会放下心来，保持平静。

自我肯定程度低的人，往往戴着"我说的话没人听"的有色眼镜。

即使这种有色眼镜无法立即摘下，但只要能够意识到自己戴着这种有色眼镜，在关键时刻能够鼓起勇气自我表达，就有助于形成更加健康和谐的人际关系。

人际关系是需要培养的。

如果妻子总是默不作声地收拾袜子，那么夫妻之间的互动就会向这个模式培养。在丈夫看来，这就是理所应当的。

但是如果妻子能够要求丈夫"拜托你把袜子放进洗衣机"，再向他表示感谢，长此以往，丈夫很可能还会主动去洗衣服。

男性对于"向什么方向努力才能得到表扬"非常敏感。

或许在不想"变得情绪化"的人看来，情绪是一种会左右自己的可怕力量，但实际上情绪也可以像这样因势利导，有助于提升人际关系的质量。

要点

充分肯定自己，就能说出真实感受。

开口表达，
还可以平复"不安"的情绪

前文都在谈"愤怒"，下面来看一看"不安"。

【案例】
男友回复信息总是很慢，我不想让他觉得自己事儿多，可是又实在受不了这种被冷落的感觉，结果就责备了他一顿。

尽管责备了他，但她的内心依然孤单寂寞。

如果她想要"正确地保护自己"，那么发送一条这样的信息："你回信息总是慢悠悠的，我等不及～我很喜欢你的～"结果可能就会大不相同。

的确，男性不擅长应对批评指责，但是他们却非常热衷于获得这种"你很重要"的印象。

如果像这个案例一样责备对方，那么就会让对方产生一种"她在批评我做得不好"的感觉。

想必读者也能发现，这种感觉与"原来她是觉得被冷落了呀，很可爱嘛"的感觉有着天壤之别。

如果只是一味地指责，那么两人不会有乐观的未来。

之所以会责备他信息回复慢，是因为她想呵护彼此的关系。本意是想要与他的关系更进一步，结果他却因为"讨厌批评自己的女性"而远离了她，这毫无疑问是一种"防卫偏离"。

如果被这种不安感所困扰，就要试着去反思自己到底产生了怎样的"情绪化思考"。

在这个案例中，女友的情绪是"寂寞"，而她的"情绪化思考"大抵是"相互喜欢的人收到信息都应该很开心，都应该马上回复（那为什么他回复那么慢呢？）"透过这样的有色眼镜来看，他确实没有"正确地回应"自己。

然而，这个"情绪化思考"自始至终都未能传递给他。

不妨思考一下男友为什么回复速度慢。

他是不是一个很有主见的人？他很少看手机吗？"已读"在他看来是一种情感的表达吗？

如果不了解上述问题的答案，自然无从得知他究竟通过哪种行为来表达"爱意"。

信息的弦外之音是因人而异的。

有些人可能对所谓"回复速度快是爱的证明"的说法完全不以为然。

至少截至目前，女友关于"爱一个人，就会为他发来信息而开心，并且想要马上回复"的"情绪化思考"，还从来没有传递给男友。

如果男友按照自己的节奏和对方相处，却被对方责备，这会成为一次让他深受打击的惨痛经历。他甚至可能不愿意和这样的女性共度一生。

其实，这就是一种需要调整"角色期待"的状况。女友对男友的角色期待是"尽快回复信息"，但由于他并没有达到这一期待，导致女友感到被人冷落。

遇到这种情况时，需要和男友沟通交流，从而明确怎样的角色期待对男友来说才是现实、可行的。

此时最好将"被人冷落"的心情，以及"不想让人觉得自己事儿多"的想法也坦诚相告。这样就能够通过谈心找到对他的角色期待。

此外，有些想法会对这种谈心制造障碍，其中较为常见的忧虑就是："要是他认为我这个人要求过高可怎么办？"

如果男友真的认为"她对我要求过高"，那么这种主观臆断必然会对女友造成伤害。第3章还会详细阐述"臆断的暴力色彩"。

但是，我们从"角色期待"的观点可以发现，根本无须担心他会产生"要求过高"这种臆断。她的"期待"是马上回复信息，而这种要求对于他来说只是不现实，并不是过高。

本书一直在使用"防卫偏离"这个奇怪的词汇，同样是为了明确它与"防卫过当"的区别。

再重复一遍，这不是"要求过高"，只不过是"从对方的立场来说自己的要求不现实"。因此没必要使用"要求过高"之类似乎要大包大揽所有错误的自虐式的表达方式。

> **要点**
>
> 未能与对方沟通"自己认为是理所当然的事"，
>
> 常常是矛盾的来源。

自我肯定程度低的人，常常这样说话

在前文中我们了解到，开口表达情绪，可以了解彼此的"情绪化思考"，校正"角色期待"偏差，但一如前文所述，自我肯定程度低的人非常不善于用言语来表达自己的想法。

【案例】
丈夫问我"午饭想去哪儿吃？"我回答说"去哪儿都行"，结果他把我带到了我讨厌的炸猪排店。我非常生气，对他说："我不饿，我回家去了！"

从字面来看，可能有人会觉得匪夷所思："你自己回答说'去哪儿都行'，又生的是哪门子气呢？"

事实上，这个案例中的丈夫可能也是这么想的。

可是妻子却怒气冲冲。

这个偏差的关键在于："丈夫有没有真正意识到妻子讨厌炸猪排？"

丈夫显然是喜欢炸猪排的。

这位丈夫的心理活动一目了然。当他听到妻子说"去哪儿都行"的时候便放下心来，以为"今天去哪儿吃都行"，于是便兴高采烈地去了炸猪排店。

然而妻子想的是："一起生活了这么久，你居然连我口味清淡都不知道？"

这种"默契"型的沟通交流，在自我肯定程度低的人群中尤为常见。

当丈夫问妻子"想去哪里吃饭"的时候，如果她回答说"意大利菜就挺好""除了炸猪排，其他都可以"，那么不会出现任何问题。但是由于自我肯定程度低，她不由自主地说"去哪儿都行"，其结果自然是变得"情绪化"。

只要妻子明确地表达想法，不论是"意大利菜就挺好"，还是"除了炸猪排，其他都可以"，丈夫都能锁定一个寻找的范围。男性大多是"课题达成型"，只要给他们一个课题，他们都会认真对待。

退一步说，即便是因为自我肯定程度低而没有表达自己的期望，然后被带到了炸猪排店，这时只要说一句"你不知道我不喜欢炸猪排吗"，依然为时未晚。

丈夫的反应或许是："啊？是这样呀！""我还以为你今天真的是去哪儿都行呢！"

如果劈头盖脸就给丈夫一句"我不饿，我回家去了"，那么在这种局面下丈夫不会有任何长进，只能使两人之间徒增隔阂。

自己的情况只有自己最清楚。这一点在第3章还会进一步详述。如果你无法自我表达，也就无法"控制并明智地使用情绪"。

前文多次谈到，自我肯定程度越低，就越难以表达自己的期望。但是很多时候，如果你勇敢地去尝试表达，并且所表达的期望被对方欣然接受的话，那么自我肯定的程度就会因此而得到提高。

人际关系疗法就是不断重复这一过程。最初的一两次"成功体验"还需要治疗者给予帮助，而当患者感受到自己被他人接纳的幸福感之后，就可以逐渐独立地攻克难关。这种方式对于健康人群的生活同样大有裨益。

要点

"我不用说，对方也应该知道"，

这种想法会给人际关系造成不必要的阻碍。

第 **3** 章

了解彼此的"领域"，
收获畅快心情

尊重彼此的"领域"，才能建立成熟的人际关系

前文谈到，所谓"角色期待"就是期待对方"做到这样或那样"，而"角色期待"的偏差则是引发"情绪激动"的主要原因之一。

但是归根结底，"角色期待"只是自己对于对方的一种期待，并不意味着对方一定就要做到。毕竟，每个人都有自己的"领域"。

尊重彼此的"领域"，是成年人建立成熟的人际关系的必要条件。

其实，几乎所有的"情绪激动"，都与缺乏"领域"意识脱不了干系。

本章将谈一谈这种"领域"。

例如，如果有人闯入别人家中并且殴打这家的主人，那么在所有人的认知里，这都是一起"骇人听闻的暴力事件"。

事实上，我们每天都在经受这种暴力。

当然，这种暴力是在精神层面发生的。

【案例】
因为被朋友说了一句"你连这都不知道？"就情绪激动，自己也受不了自己这种一点就炸的坏脾气。

这是第1章介绍过的一个案例，它也是一个被对方侵入"领域"的案例。对方将"知道这些事是理所应当"的价值观强加在了当事人的身上。

大千世界的知识本就无穷无尽，闻道有先后，术业有专攻，完全都是个人自由。更何况还有其他种种客观因素的影响。

因此，别人没有任何理由拿"现在知道什么、不知道什么"来对你说三道四。

这种做法显然是在入侵他人的"领域"。

对此感到生气，也是人之常情。

原本在感觉生气以后，只要告诉对方"你不要这样说话，太伤人了"，问题便迎刃而解。但如果保持沉默，就会发展为"情绪激动"。

那么为什么别人入侵了自己的"领域"，却无法开口阻止呢？

这是因为发现自己有"缺点"而不自知，而"缺点"还被旁人指出，于是确信错在自己，以致做不到泰然自若地回应。

实际上，忍耐愤怒而无法表达，有时还会发展出对对方的恐惧心理。如果到了这个程度，务必要认真对待。

在这个案例中，最初的愤怒来源于"冲击"和对方的"主观评价"，但是一旦发现怒气久久不能平息，就要考虑自己有没有陷入"情绪化思考"。

这个案例的"情绪化思考"主要是"自己被人看不起"。

当"情绪化思考"不停地在脑海中萦绕，那么它不仅会激化对方所引发的愤怒，还会让"自己有错在先"的焦虑感愈演愈烈。

而在"自己真是无知""自己没能当场处理好"等想法的共同作用下，"情绪激动"会变得更加严重。

要点

将价值观强加于人，是在入侵对方的"领域"。

对自己的"领域"负责，
不要忍气吞声

对方闯入了自己的"领域"，自己却忍气吞声，结果这种忍耐发展为"情绪激动"。这个过程想必很多人都能理解。

人的忍耐是有限度的，总有一天会大发雷霆。下面这个例子就是如此。

【案例】

出去玩的时候朋友总把订房间的事推给我，我心里虽然不高兴，但是觉得为了鸡毛蒜皮的小事费口舌，显得不够成熟，也就一直默默地接受了。直到有一次朋友说："想去这里玩，你来订房间吧。"我突然发火："我再也不想跟你一起出去玩了！"据说从那以后朋友逢人就说"那个谁好像是得了精神病"。

一直以来一同出游而且从无异议的伙伴，突然冒出一句"我再也不想跟你一起出去玩了"。

从对方的角度来说，这不亚于晴天霹雳。

对方觉得这个伙伴"得了精神病"，也是情有可原的。

实际上，这是一个由于自己没有对自己的"领域"负责而引发愤怒的典型案例。

"一直都是我订房间，这次你来吧。"

如果当事人能说出这句话，那么或许就能避免最终的爆发。

这种爆发的破坏性足以摧毁一段友谊。

任何一方都会因此而受到伤害，所以一定要尽量避免。

但是，只有当事人才知道自己是怎么看待这个"把订房间的事全甩给我的朋友"，对方并不知道他的想法。所

以，这是属于自身"领域"内的事。

正因为没有把自己的想法原原本本地告诉朋友，才导致了最终的爆发。

当然，很多人会这样想："他从来都没想过，他把所有事都推给朋友，朋友就不会发火吗？又不是我的错！"

这样想的人，认为自己是正确的。可是"正确"并非处处行得通，这一点我在第4章也会谈到。

也许朋友非常不擅长订房间呢？

另外，请注意"一直都是我在订房间"这一部分。

当事人始终毫无怨言地听从朋友的安排，可见，是他亲手制造了他和朋友的这种关系。

对方自然而然地形成了一种观念，那就是"他很擅长订房间"。

一提到"自己的感受只有自己知道，所以要如实相告"，有些人就会觉得"鸡毛蒜皮的感受还要告诉人家，显得太幼稚了"。

然而，就是这种"把感受都告诉人家，实在太过幼稚"的概念，会让人趋向于忍耐。从表面来看，能够忍耐常常意味着这个人更加"成熟"，但这种概念本身就是错误的。

能够对自己的"领域"负责，同时也能够尊重对方的"领域"，才是真正"成熟"的人际关系。

对自己的"领域"负责，意味着坦率地表达自己的感受，这要比日复一日地忍气吞声更加"成熟"。

这一点非常重要，强调再多遍也不为过。

前文讲到，情绪的作用是告诉我们"某一事物对自己究竟有着怎样的影响"，所以为了保护自己，除非是过于轻微的小情绪，否则最好不要置之不理。

这个案例也是一样。"什么？又是我订房间？"当事人始终对这种烦躁的感觉不闻不问，换言之就是自己忽视了自己的情绪，才会任由其发展为"情绪激动"。

我们时不时地会见到一些工作干得顺风顺水的人突然说"再也干不下去了"，其实哪里是什么"突然"，都是不起眼的"被忽视的情绪"日积月累而造成的。

真实的情况是平常就在"勉为其难"，在工作时一直压抑着恼火和烦躁的情绪，直至忍无可忍的那一刻。

而这最终还会殃及给他委派工作的人。

假如开诚布公地告诉对方"这份工作我恐怕难以胜

任"，那么总有回旋的余地。而且很多情况下，对方也会表态说"你早跟我说的话，我就能早做准备了……"

总而言之，为人处世时要真诚面对自己的情绪，这样不仅会有更多的人施以援手，还能够避免自己变得"情绪化"。

这便是"对自己的领域负责"的意义。

要　点

成熟的表现是"如实相告"，而非压抑自己的情绪。

怎样避免自己的"领域"被入侵？

我们继续聊一聊"领域"。

> 【案例】
> 听到婆婆说自己"你有点懒散呀"，顿时就来了气，对她说："你以后别再来我家了！"

在这个案例中，婆婆入侵"我"的"领域"并且指指点点，对于这种带有暴力色彩的行为，当事人发火也在情理之中。如果愤怒的情绪不断积聚，就会像前面章节介绍的那样，从"忍耐"演变为"最终的爆发"。

退一步讲，就算入侵有且只有这一次，但被人如此肆无忌惮地评判，也足以让人情绪激动。

其实，具有严重臆断倾向的人比我们想象的要多得多。

当然，他们自己并不知道自己正在对别人施暴。施暴者越是"没有恶意"，被评判的一方所感受到的压力就越大。

然而，如果每次别人入侵自己的"领域"时，自己都要"情绪激动"，那么就会变成一个公认"浑身带刺的人"。别人会觉得你"容易冲动，不好相处"。

那么这个问题应该如何解决呢？答案是要明确"领域"的范围。

对方评头论足，从形式而言固然是入侵了"我"的"领域"。但是，对方在说这些话的时候，又是处在哪个范围里呢？

显然是在对方自己的"领域"范围内。

每个人都是自由的，婆婆想在她自己的"领域"里说些什么，完全是她的自由。

也就是说，我们不要把整件事看作是"我被教训了"（有人入侵了"我"的"领域"并且指指点点），而要看作是

"婆婆只不过是在她自己的'领域'发发牢骚"。

人们需要经过一定阶段的训练才能够掌握这种思维转换，而这种转换有助于建立"正当防卫"。

这个方法同样也适用于前文提到的"你连这都不知道？"的案例。如果能够把这个评判看作是朋友在他自己的"领域"内发发牢骚，而不是"看不起我"，那么我们得到的结论就会变成"他这个人呀，张口就来，都不考虑考虑别人的情况"。

要点

不必把别人的臆断带进自己的"领域"。

"都是为了你好"
这句话为什么让人生气?

来看看另一个案例。

> 【案例】
>
> 不知道为什么,就是受不了朋友说"这么说是为了你好"。也不是讨厌对方,对方说得也确实在理,但就是心里窝火。自己也不明白自己是一种怎样的心情。

显然,这是因为自己的"领域"被侵犯而心生不快。

即使对方句句在理,可是"为了你好"这句话说出口的那一刻,对方就侵入了自己的"领域"。

因为对方虽然说是"为了你好"，但究竟对自己好不好，只有自己知道。

在这个案例中，我们调整情绪的前提是要认识到"心情不悦是因为自己的'领域'遭到了侵犯"。

我们可以开诚布公地告诉对方："你一说为了我好，我的压力就很大，可不可以别再这么说了？"

也可以把对方的话看作是在他自己的"领域"里自说自话，与"我"并没有任何关系。

对于那些把"为了你好"挂在嘴边的人而言，也许最好的办法就是和他们保持距离。

这个案例值得关注的部分是，"不明白自己是一种怎样的心情"。

"领域"被对方入侵，又被对方妄加评判，确实会令人不快。当对方说"为了你好"的时候，会让我们产生一种"因为对方为我着想，所以我不应该有所抗拒"的想法。

这种想法或许可以叫作"'应该'思维引发的自我情绪

压抑"。

然而就目前的状况而言，比起"应该"做什么，我们更需要关注自己的情绪。

这并不是说当前怒不可遏的状态是一种好状态。

这种状态源于"对方说的话自己应该欣然接受"这一"合理思维"。比起这种思维，我们更应该对"自己的'领域'被侵犯，真让人不痛快"的初始情绪多加关注。

不过，可能有人会想："如果一味迁就自己的情绪，听不进别人的建议，妨碍了自己成长进步，那可怎么办？"

其实，正是由于这种想法的存在，才会有很多人对比比皆是的"领域入侵"无动于衷。

人与日俱进，但过程各不相同。

如果在这个过程中恰逢天时地利人和，那么人进步的道路将会一帆风顺。

这就好比是偶然间一本书的封面映入眼帘，十分中意便买了下来，而书中内容又正中下怀（曾有读者告诉我，他有一本书在书架上吃灰三年，某天一时兴起拿起一读，内容恰恰是自己寻觅已久的）。

自己获得某一信息的最佳时机只有自己最清楚。

赘言一句：判断某一信息对自己有无益处的标准，是该信息是否包含着"否定自己的要素"。

要点

究竟对自己好不好，只有自己知道。

提出劝告为什么
会变成一种暴行？

　　有些信息看上去虽然不错，实则包含了"否定自己的要素"，这样的信息毫无价值可言。其中代表性的就是"劝告"。

　　所谓劝告，其出发点就是对对方现状的否定。

　　"这样做会更好吧？"说出这句话，就等同于跟别人说："你现在这样不好，可不可以照我说的方式来改变？"

　　当自己的现状遭到否定，每个人内心都会受伤，即便认为对方说得对，也会不由自主地心生不悦。

　　当然，好的劝告方式也是有的。最恰当的方式是充分把握对方现状，在认可"现在这样就挺好"的基础上，再提出建议："我的想法是这样的，能不能做一些改变？"

因为我是一名医生，所以需要给予患者专业性的劝告。

大部分患者的回应当然都是"呀，原来如此，我能做到"，积极地采纳医生的意见。但也有一些人做不到。

据我了解，很多治疗者在这种时候都会变得很烦躁，但其实责任完全在治疗者自身。

专业性的劝告首先要肯定对方的现状，然后在"对方现实可行的范围内"，建议对方进行新的尝试。

那么，被劝告者应该怎样区分"包含着否定自己的要素的劝告"和"金玉良言"？

区分这二者并不困难。听到别人问"你能不能这么做？"的时候，如果感觉心里不舒坦，就说明其中包含了否定自己的要素。

当然，让人心里不舒坦的劝告里，同样可能包含着有价值的信息，但也没必要每次学习新知识的时候都否定自己。我们总能找到其他学习的方法，在获得成长的同时也给予自己更多的呵护。

好为人师的人从整体而言都欠缺这种意识，而更让人震惊的是，有些人居然把"刀子嘴"看作是一种亲切的表现。

这些人不但固执己见，而且他们的建议又会伤及他人，因此在生活中要尽量离他们远一些。

例如不小心忘记关灯，对方的劝告便迎面而来："要多注意顺手关灯呀。你这个人，真是不讲环保。"这时自己不可避免会产生"你都不了解我，凭什么对我指指点点"的"情绪化思考"，进而导致"防卫偏离"。倘若双方都变得"情绪化"，话题甚至会被越扯越远。

那么我们应该怎样恰当地保护自己呢？

我认为首先要开口向对方解释，如果只是无伤大雅的误会，那么只需要坦诚相告便能从容化解。

但是有些时候，对方可能会咄咄逼人地说你"净找借口"。

如果要在这种情况下保护自己，还是要回归到"领域"思维。

前文谈到，旁人的评判看似侵入了我们的"领域"，但其实"评判"这个行为终归只是发生在对方的"领域"之内。

因此，更好的视角是："那是对方自己的事，'领域'入侵并不存在"。

这与"忍耐"是两码事。"忍耐"是明明遭受侵害却视而不见，任由负能量不断累积。

而看到"对方只不过是在他的'领域'内做出评判"，则是将侵害性的状况视若无物。

我们要这样想："对方只是在他自己的'领域'里自说自话，随他去吧"，而不是"我被这么批评了也只能忍着"。如此一来，我们享受其他事物的心情就不会受到影响了。

> **要 点**
>
> 把让自己不舒坦的劝告看作是"对方自说自话"。

总忍不住好为人师
该怎么办？

对于旁人的劝告，我们可以当作是对方自说自话而一笑置之，可是也有些人的性格就是"一看到别人笨手笨脚就着急上火，身不由己地要多嘴指点"。

读者们阅读本书的目的是"尽量克制自己情绪化的倾向"，那么想必很多人都曾遇到过这类问题。

来看看下面这个案例。

【案例】
期望下属能够成长进步，出于关怀提醒他"你的学生气还是太重了""你还是要做好步入社会的准备呀"，结果却被下属说是职场霸凌。

职场霸凌，指的是利用职权对他人进行"围攻"。

而所谓围攻，就是通过挑错和贬损性的语言行为，在对方面前塑造自己说一不二的姿态。

诚然，在职场中承担一定的权责，也意味着有义务对别人提出指导性的建议。

但是这个案例存在一个严重的问题。

当事人违背了建议的铁律：在提建议时应该对事不对人，将"行为"和"人格"区分开来。

在这个案例中，"你太学生气""你没有做好步入社会的准备"等"逆耳忠言"，针对的是对方的人格。

一旦建议的对象不是"这种行为最好这样调整一下"，而是"你这个人呀""说到你呀"，那么建议就不仅仅是在否定某一行为，而是在否定对方的人格，这就具备了一种"围攻"的色彩。当这种情况成为工作中的常态，自然就会被人斥责为职场霸凌。

当职场霸凌的施加者带着一定的情绪对别人的某一行为予以提醒时，连他们自己都常常会变得"情绪化"。

下面我就教给大家两个很简单的练习方法，来应对这种情况。

方法① 将对方的人格和行为区别开来

如前文所述，从避免人格否定的层面来说这个方法至关重要，同时我也希望读者能够把它看作是一个基本的思维观念。

当一个上司情绪激动地叱责下属，言语间往往都会牵扯到下属的人格。

可是，一个人的人格不会任由旁人左右。能够改变某种行为就已经是谢天谢地了。如果不明白这个道理，就会因为"对方没有按照我的想法做出改变"这一不切实际的不满情绪而无法释怀，导致情绪更加激动。

关键是要认识到对方的所作所为只不过是"工作失误"。只要点到为止，告诉对方"可不要再犯错了""犯错会造成这种麻烦的局面，下次要注意"即可。

方法② 提醒、建议时要用"我"做主语

第二个练习是在表达时用"我"做主语。

用"你"做主语，即便没有到人格否定的程度，听上去也是在评判对方的为人，职场霸凌的意味会更加浓厚。

用"我"做主语，把表达方式变成"你的这个错误给我造成了这种不便"，听上去就是一种"陈情"，而非职场霸凌。

此外，还可以借助前文提到的"角色期待"概念，向对方传递你对他的期待。如果告诉对方"在这份工作中我希望你能够注意这个错误"，那么同样可以避免对方再次犯错。

遭到严厉训斥、人格被否定的人，常常会患上心理疾病，对工作产生极为严重的畏难情绪，结果很可能是一错再错。因此，请留心上述两个方法，在工作中形成互相成就的良好氛围，这样一定能够成为一名好上司。

同时，这个案例也可以从"领域"的角度予以解读。

最安全且行之有效的沟通方式，是把自己"领域"内的所思所想传递给对方，比如："我作为一个上司希望你这样做，有困难的地方希望你能告诉我。"而不要用"你这个人呀"之类的表达方式侵犯对方的"领域"，胡乱攻击、妄下论断。

此外，要注意少用"为什么"来提问，因为"为什么"也是容易诱发人格攻击的语句，类似于在说"你这个人怎么这样呀！"

【案例】

"为什么你总是迟到？"尽管说这句话的时候已经尽量让语气显得柔和，但是依然激怒了对方。应该怎样向对方表达"我不喜欢你迟到"呢？

我认为这个表达方式的问题出在用"为什么"来开头。

每个人都不会无缘无故迟到。比方说需要照顾家人，或是其他的一些困难导致他难以守时。

当然，也不排除对方迟到的原因纯粹是"心态不成熟，玩世不恭"。

其实，简单的一句"请不要再迟到了"，既能告知对方自己的态度，又能防止对方"防卫偏离"。

"为什么"这句话经常用在"为什么……做不到！"等批评对方的情境，本身就带有责备的语气，所以使用时要格外小心。

可以用这样的方式来与对方沟通："希望你不要再

迟到，有什么难处可以对我讲。"这样，起码不至于激怒对方。

要 点

把主语从"你"换成"我"。

你的"正确"
他人未必接受

前文谈到，惯于攻击他人人格的人，通常有以下两个特点：

① 把行为和人格混为一谈

② 开口闭口就是"你呀你呀"，而不是"我"

其实，这一类人还有一个特点：

③ 坚信自己的观点是人人都应该接受的"真理"

来看下面这个案例：

【案例】

听见已婚的朋友说"四十来岁还不结婚的人，性格多少有些扭曲"，便立马火冒三丈地和朋友绝交了。

这个案例中，有问题的不是"情绪化"的一方，而是说这种话的朋友。

这也是下一章我们要探讨的主题，正如前文所言，如果这个朋友能够意识到自己的主观评价（四十来岁还不结婚的人都是性格扭曲）只是"此时此刻自己的主观想法"，那么自然不会引发任何矛盾。

不论如何，那都只是一种"个人感受"而已。

但是，如果像这个案例那样，红口白牙地把它当作一条绝对真理到处去说，那么不仅侵犯了别人的"领域"，而且还施加了无可比拟的暴力。

妄下论断本就具有暴力色彩，尤其是话里话外贬损别人时，会让人愈发变得"情绪激动"。

绝交也在情理之中。

你可以用"你知道你刚才说的话有多伤人吗？"予以回击，此时如果对方表示惊讶，或许友谊还可以继续，但是如果对方一副无所谓的模样，那么正确的做法就是远离他。

这样应对别人的主观臆断，同样是避免"情绪化"的关键。详细内容，我们下一章见。

要 点

不要把自己的主观评价当作绝对真理。

第 **4** 章

放弃
"谁对谁错的拔河赛"
又何妨

为什么越强调"正确"，越会让自己虚弱无力？

上一章讲到，"自己绝对正确"的想法，是容易"情绪化"的人绕不开的一种思维特点。

因为很多人在试图强调自身正确的时候，都会变得"情绪激动"。

例如，下属没有完成工作就回家了，这件事对于上司而言是"不正确的"。姑且不论这件事本身对与错，显然上司"情绪激动"的根源就在于他"试图强调自己是对的"。

如果身边的人回应说"你说得对，大家都明白，快冷静下来吧"，那么或许他激动的情绪用不了多久就能平复下来。

但实际上，大多数时候我们身边并没有这样知心的人。

因为在当事人处于"情绪激动"的状态时，周围人的态度往往是唯恐避之不及。

而且，一旦当事人陷入"我在这里'伸张正义'，大家伙却无动于衷"的状态，就会引发"防卫偏离"，情绪也会变得更加激动。

事实上，"情绪化"也是一种因强调自身正确而引发的"防卫偏离"。

但是，"防卫偏离"终归是一种"偏离"，从结果而言，并不能如愿以偿地证明自己正确。

越是坚信自己绝对正确，"防卫偏离"的程度就会愈发严重，导致事态不断恶化。这不仅会破坏人际关系，尤其需要注意的是，这还会让自己变得更加虚弱无力。

当然，"情绪激动"地强调自身正确，表面上确实会得到一些人的支持。

可是有些时候，旁人也许只是嫌"情绪化"的人麻烦，敷衍地回应说"好的好的，你说得对"，抑或是"情绪化"的人让他们非常害怕，不得不暂避锋芒。

在这种情况下，自己的"正确"极少能够获得他人真心实意的认可。

情绪越激动，就越难以博得他人的共鸣。

得不到共鸣，就会陷入孤立。

也就是说，"防卫偏离"越严重，人就越发孤独无力。而且无法获得共鸣只是其一，甚至还会遭到对方的回击。

遭到的回击越多，自己弱小无力的感觉就会越强烈。

为了消除这种内心的怯懦，人会变得更加"情绪化"，更频繁地出现"防卫偏离"。

这种恶性循环并不少见。

"情绪化"的成因之一，也就是"别人看不起我""别人不尊重我"等"情绪化思考"，实际上是把"我是不是一个值得尊重的人"的决定权抛给了对方。

这就把自己置于一个非常弱小又无依无靠的境地，因为一切都任凭对方摆布。把自身价值交由对方（带有情绪地）评判，是一种非常不稳定且不自在的状态。

要点

越纠结于自己的"正确"就会越孤独。

"情绪化"是对
"正确"的执念

请回想一下"情绪激动"时候的自己，是不是总是在倾吐着什么？

很多时候倾吐的内容并不明确，但是倾吐的落脚点都是想要证明"我是对的"。

"我如此正确，为什么别人还不听我的呢？"这种奋声疾呼会让人变得"情绪激动"。

我曾多次谈到，"情绪化"的真面目是对"正确"的执念。

例如，双方"情绪激动"地争吵，多半是为了分出谁对谁错。

事实上，对"正确"的争辩也会演变为一种暴力。
因为"正确与否"是因人而异的。

例如，"孝顺父母"是公认的"正确"，但如果你让一个从小饱受父母虐待的人"孝顺父母"，就很可能对他造成二次伤害。

又比方说，时至今日全球许多地方依然战火纷飞，然而残酷的战争的每一方都号称在"伸张正义"。

结果只有军火商赚得盆满钵满。战败国自然是山河破碎、死伤无数，然而无论战争胜败，大量参战人员都会患上创伤后应激障碍，即便是在战胜国这也是个严重的问题。

尽管稍微有些偏离本书"避免情绪激动"的主题，但我还是想说，如果要消除战争，至关重要的一点就是要停止自己的"防卫偏离"。如果各种"正义"能够共存，那么就可以大大减少战争之类的悲剧。

世间每个人的境遇都不尽相同，"正确"自然也因人而异。

不论个人还是国家，都要具备这种"领域"意识——尊重彼此的差异性，而非单纯物理意义上的"领土意识"。

而且即便关于"正确"的价值观相同，也不一定每个人都能践行这种"价值观"。这时只需说一句"我努力了，但是没能做到"。

为此，我们需要营造包容失败和过错的氛围。

人作为一种生物，在遭到攻击的时候必然会进行防御。当某人被他人批评说"你错了"，他的第一反应理所当然是抵抗和防卫。

要 点

对做不到"正确"的人多一点包容。

人为什么想要别人认同自己的"正确"?

下面让我们继续来探讨一下什么是"正确"。

既然"正确"的含义因人而异，那么我们为什么还是想要得到别人的赞同呢？我认为这是一个关乎自我肯定的问题。

这里可以给出一个结论：当一个人变得"情绪化"，说明他在那一刻是欠缺自我肯定的。

因为真实的自己得不到认可，所以就采用"让对方明白我是正确的"的方式，寻求他人对自己的肯定。

那么"真实的自己"又是什么呢？

其实每个人都在日复一日地负重前行。

即便有些人看似游手好闲，但当你了解他背地里不为人知的辛苦，你也能够看到他其实也在努力。

譬如某些人说要参加某项资格考试，却把自己关在家里，一再逃避，或是临阵退缩。

也许你会觉得他们不参加考试是因为"好吃懒做"，然而很多时候他们是因为头悬梁锥刺股而身心俱疲，害怕再回到那种不堪重负的日子，才不敢行动。

但是他们本人始终怀揣着对"更美好的生活"的向往，不能原谅这样的自己，尽管有时自暴自弃，甚至想过一了百了，却依然坚持不懈地努力生活。如果人们都能认可这是人性的真实，那么他们也就不再需要让别人赞同"我是正确的"。

要 点

不要依赖别人来"肯定自己"。

关注真实感受，
而非正确与否

前文我们探讨了"正确"所包含的"暴力色彩"，但如果就此舍弃"正确"这个词语，很多人都会有所抵触，毕竟我们每个人都或多或少地生活在"正确"的束缚之中。

在此，我们建议用另一种价值来替代"正确（rightness）"，那便是"真实（authenticity）"。

英文单词"authenticity"原本是钻石鉴定的术语，其形容词性单词"authentic"，也就是"真实的"，后来被转而用于形容人的内心。

"正确"的标准或许因人而异、千差万别，但每个人"真实"的感受都是唯一的。

明白这个道理，就可以直接表达"自己的内心"，不会再同他人争执孰是孰非。如前文所述，任由他人来评价自己，会让人变得容易"情绪激动"。但只要能够坚信"这是我内心真实的想法"，就能够获得充分的自我肯定。

实际上，这是一个非常重要的岔路口。

如果纠结与自己内心无关的"正确"，那么就会把批判权交给他人，自己像牵线木偶般时喜时悲、为他人所伤。但如果追随自己"真实"的感受，坦诚面对内心，就不会被他人的评价所左右。

而且，"坦诚"也比"正确"更加接近"真实"。

不过，有些人可能会把"出言不逊""直言不讳地说旁人不能说的话"曲解为"坦诚"。

实际上，"直言不讳地说旁人不能说的话"与"旁人"并无关系，它是对听者"个人领域"的一种侵犯。而从听者的角度来说，只要能够认识到"原来这个人还能说得出这种话呀"，就不会受到太多影响。

其实我认为，一些人之所以备受某些个人成长类书籍的折磨，是因为他们都存在这个关于"真实"的问题。"因为书里是成功人士的金玉良言，所以即便内心不接受，也要如实照办"——这种自我逼迫就好比是削足适履，根本无法找寻到自己"真实"的内心。

在这种时候请这样想：
每个人都是"真实"的存在，犹如货真价实的钻石。

> **要 点**
>
> 追随自己内心的真实，就无须在意他人的评价。

双方的"正确"标准不同，
该怎么办？

前文谈到，"正确"的标准因人而异，那么当我们面对不同于自己的"正确"，该怎么办呢？请看下面这个案例。

【案例】

我是一个四十多岁的女研究员。平时即使不去研究室，也需要在家里阅读资料，往往顾不上家务事，只能一拖再拖。公公是上班族，婆婆是全职主妇，某一天，婆婆打电话问我说"你今天是闲着没事吧？"而且给我安排了一堆杂活，我情绪激动地说："今天要干的事多着呢！"虽然丈夫说"我尊重你，也支持你的工作"，可是……

首先来看看这个案例里谁对谁错。

当事人工作繁忙，丈夫也给予理解和支持，看上去她没有错。

那么从她婆婆的角度来看又如何呢？

婆婆自己嫁给了一个上班族，这也是她唯一的生活经历。在她看来，做妻子的在休息时就应该全身心地呵护照顾丈夫。

这是婆婆心中的"正确"。

研究性岗位的职业前途与业余时间的自我充电息息相关，而这与婆婆所认为的为人妻应该做到的"正确"截然不同。

究竟妻子和婆婆谁才是正确的？

这种"谁对谁错的拔河比赛"毫无意义，长此以往只会白白消耗精力，加深人与人之间的矛盾分歧。

那么应该怎样做呢？

对于这个案例而言，当事人可以把自己目前的情况告诉婆婆，从而修正婆婆所认为的"正确"。

其中重中之重的环节，是"把自己目前的情况告诉对方"。

如果试图用"妈，你的观念太老古董了"之类的说法去改变对方的"正确"，那结果只会让双方都变得"情绪激动"。

"妈，您那个时候确实是这样，而且您确实是一位好妻子。但是，我的情况不大一样，因为工作原因……"

这样既尊重了对方，又能够说明自身情况，从而大大提高获得对方理解的可能性。

倘若对方依旧不能理解，还可以在同丈夫充分沟通之后，与婆婆保持距离。如果因为保持距离而心生愧疚，也可以去咨询专家，为自己解开心结。

要点

首先要说明自身情况，而不是试图改变对方。

对"谁对谁错"最敏感的
是内心受过伤害的人

我们已经了解到"正确"是因人而异的，但也有些人理解不了"你的'正确'不同于我的'正确'"。

> 【案例】
> 听到朋友说"我能体会你的感受，但是我也理解他"，我就气不打一处来。

内心受过伤害的人，往往对"谁对谁错"十分敏感。

研究结果显示，曾经遭受虐待的人更容易认为与自己意见相左的人是在"否定自己"。对于那些父母喜怒无常，需要仰其鼻息来保全自身的人而言，"自己与父母看法是否一致"是一个性命攸关的问题。

如果你感到自己存在这种倾向，那么提高自我肯定程度，要比强迫对方认同自己的"正确"更加行之有效。

前文已经谈到两个有助于跳脱出"谁对谁错的拔河赛"的重要方法，一是"追随真实感受"，二是"向对方说明自身情况"。拿刚才的案例来说，首先要直面自己遭受打击后的真实感受，然后从"刚才你说的话让我很受打击"开始，耐心细致地向对方解释，这样对方也易于理解。

在长期从事人际关系疗法的过程中，我认识到，直抒胸臆、坦诚相告（当然并不是口无遮拦），而后收获对方的一句"啊呀，原来是这么回事，我明白了，今后我会配合的"，是一个人能够体会到的最温暖的经历。

在这种温暖的滋养下，自我肯定的程度自然而然会渐渐提高。

然而为了收获这种温暖的滋养，就要慎重挑选敞开心扉的对象。

最理想的人选，是那些理解你的真实感受，能对你说"啊呀，原来是这么回事，我明白了"的人。这样的理解，与"过度共情"是两码事。

在我看来,"共鸣"和"共情"分别指代两种人:

所谓"共鸣",指的是倾听者主观评判对方坦诚相告的经历,而后评论说"我也有相同的经历"。

共鸣的一大特点是倾听者并没有体会到倾诉者的"不容易",而是把话题拉向自己,强调"自己当初多么不易"。

而"共情"指的是理解对方的真实感受,让倾诉者体会到人性的温暖。最好的"共情"者,既能聆听对方倾诉并感同身受,又能在共情时尽可能保持"你是你,我是我"的距离。

总之,"共鸣"与"共情"的区别在于是否以对他人的评判为基础。

从"领域"的角度而言,"共鸣"也存在问题。因为即便倾听者自认为"对倾诉者的感受一清二楚",但这两种感受是否一致,终究还是要在倾诉者的"领域"内进行判断,而倾听者无从知晓判断的结果。

如果倾听者采取"共鸣"态度,那么倾诉者会在主观上察觉到"咦?你说的情况和我遇到的有点不一样啊",从而意识到对方并没有"共情"。

关注这种感觉上的"细微差别"，可以更好地保护自己。

要 点

敞开心扉时要选择能与你"共情"的人，

而非"共鸣"的人。

不小心实施了职场霸凌，该怎么办？

职场霸凌，是容易"情绪激动"的人需要引起注意的一个问题。

> 【案例】
> 尽管已经百般克制，却还是不停地数落犯错的下属。

这是一个很可能会被认定为"职场霸凌"的典型案例。

如今"霸凌"的概念已经渗透到了普罗大众，一些曾经"司空见惯"的社会常态，时至今日已成为公认的、骇人听闻的行为。

这种趋势反映出社会在尊重个人的方向上取得了可喜

的进步。

然而，在"霸凌"概念已经深入人心的环境中长大的年轻人，和对职场霸凌习以为常的老一辈相比，无疑对霸凌有着截然不同的嗅觉。

想必很多人都希望能得到一些方法，来缓解"霸凌"这个概念所造成的郁闷、不自在的感觉。

可是一旦开口，很可能就会遭遇攻击："这种小事还觉得不自在？真是无法理解！"结果只能是几个同病相怜、都觉得不自在的人一起喝喝闷酒。

人无完人。

即便是接受了和职场霸凌相关的教育，也难免会在日常的某些情境下"不小心"做出霸凌行为。甚至有些人都不曾注意到这些"不小心"。当然，我们应该努力避免那些"不小心"，但万一还是出现了那样的状况，又该如何是好呢？

对于那些自知是"职场霸凌后备军"的人而言，最简便的方法就是前文介绍过的"把对方的人格和行为区分开来"。

不停地数落下属，其实数落批评的范围已经从某种行为延伸到了人格领域。

人不可能单纯针对某一种行为进行没完没了的批评，

但凡批评个不停，必然是东拉西扯翻旧账，批评到对方的人格："你这个人总是……""之前那一次也是……"

因此，要建立"批评要点到为止"的自觉，心里要记住"只提醒某个行为"，一旦出口伤人了，就要立刻道歉："对不起，话说重了。"

接下来我们再来探讨一下职场霸凌施加者"不自在"的感觉。

之所以要探讨这个问题，是因为这种"不自在"会发展为"受害者心态"，很可能会引发"情绪激动"。

例如，别人批评自己是职场霸凌，导致自己情绪失控："成天职场霸凌、职场霸凌的，烦不烦！"

我认为"不自在"多半源自这样的冲击："什么？这就算职场霸凌了？这种芝麻大的事何必纠结？"

显然此时当事人已经觉察到自己的过错暴露于人前，于是身心便进入"不想再受伤害"的模式。

如果继续发展至"防卫偏离"状态，就会出现"情绪激动"，而对于这种状态的克制又会让"不自在"的感觉更加强烈。

这时就要从"领域"角度来看问题。

"这种芝麻大的事何必纠结"，终究是自己"领域"内的看法，而站在对方的"领域"内来看，这未必是一件"芝麻大的事"。

当事人觉得"这种芝麻大的事何必纠结"的时候，其实就是在将自己的感觉强加于人，也就是侵入了对方的"领域"。当然，这个问题也可以用"正确"的观点来解读。

职场霸凌的问题在于，霸凌者看问题的出发点是"自己绝对正确"，其结果自然是鸡同鸭讲、话不投机。

总而言之，每个人都有自己的"领域"。

纵然你是对的，也要想一想，也许在对方的"领域"里，他也有着他所认为的"正确"。

试想一下国际舞台的外交活动，我想对于这个道理就能有所领悟了。

要 点

指责别人"何必那么纠结"，是在侵犯对方的"领域"。

不要因为"绝不原谅!"的想法而自责

在本章最后,我们来简单看一看"绝不原谅!"这个与"正确性"紧密相关的想法。

"实话实说,不想再标榜自己是对的,但不能原谅就是不能原谅!"这或许是一个相当普遍的看法。

我会把"原谅他人"和"原谅自己"区分开来。

"原谅他人",就是通常意义上的"原谅对方的不当行为"。比如,"他是因为害怕才说出那种过分的话,就这样算了吧。"

但是,我们不可能做到每次都像这样"原谅"他人。

例如,对于自幼遭受虐待的人来说,那些虐待是无可改变的事实,无论如何也不可能"原谅"。

又例如挚爱之人被人伤害（甚至是杀害），这种情况也绝对不可能"原谅"。

但是，无法释怀的仇恨会让人生变得分外痛苦。

我曾举办过一个关于"原谅"的讨论会（这个讨论会大受欢迎，举办通知发布当晚便满员了），在讨论会上，我首先让大家写下"无法原谅的人是谁、起因又是什么事"，然后扪心自问，再写下"我从怀揣的仇恨中收获了什么"。

实际上，这个讨论会的初衷并不是"原谅他人"，而是"原谅自己"。上文谈到，"原谅他人"就是"原谅对方的不当行为"，而"原谅自己"与此截然不同，与"对方"并无关联。

"自己虽然遭遇了大不幸，但这并没有改变我做人的本质。"只要我们能够认识到这一点，就能够"原谅自己"。

天灾人祸不仅会造成问题（病症），还会逼迫我们去面对、去解决这些问题，但是我们也能够在这个过程中去感知那个温柔可亲的"本真的自己"。只要我们坚信这一点，就能在"原谅自己"的道路上走得更远。

以上简单地讲解了一下什么是"原谅自己",希望读者能够了解到"原谅他人"和"原谅自己"的区别。

很多人因为无法"原谅他人"而自责,但是只要能够找到"自己的本质并未改变"的感觉,"原谅自己"的那一天终将到来。

要 点

即便不能"原谅他人",也可以"原谅自己"。

第 **5** 章

避免"情绪激动"的
7 个习惯

习惯 1
掌控自己的身体状态

本章将介绍日常保持心态平和的方法，培养"避免情绪化的习惯"。

前文介绍了"情绪化"的心理成因和应对方法，然而有时即便是熟悉这些成因和应对方法，也会在心情和身体状态的影响下"身不由己地情绪激动"。

例如，"醉鬼"就是"情绪易冲动之人"的代名词。

喝醉的人往往会情绪失控，给周围的人造成麻烦。醉酒还经常引发家庭暴力。"酒后误事"的情况不胜枚举。

为什么人在醉酒之后更容易"情绪激动"？这是因为在酒精的作用下，人的自控力下降，情绪和理智的平衡

被打破。

我们通常不会赤裸裸地表现出自己的情绪，而会去考虑"这样表达会不会让对方不舒服"，在斟酌对方的立场和状况之后再最终决定采用某种表达方式。

但是，喝酒会让思维变得迟钝，自控力降低，让人陷入"情绪化思维"，情绪不断高涨且无力自拔，变得更容易妄下论断、口无遮拦。

疲劳也会引发同样的情况。

想必很多人都有过晚上变得更加"情绪化"的经历。脑海里涌上各种思绪，想得越多就越心灰意冷，甚至想一死了之。但是次日一觉醒来，又觉得豁然开朗。

这是因为到了晚上负责思维的大脑部分变得疲劳，控制力变弱，更加难以摆脱"情绪化思考"。

对于夜晚胡思乱想、想结束生命的人，我的建议是哪怕使用一些药物，也要保证睡眠。

因为一旦大脑进入疲劳阶段，再坚持也没有太大的意义。

可能有些人会把"摆脱控制、毫不掩饰情绪"称为"吐露真情",这种理解是错误的。

我们都是情绪和理智的复合体,在表达或是克制情绪之前都要进行充分的思考。并非只有情绪才是"真性情",这些思考同样能够体现出一个人的个性。因此,经过深思熟虑的表达,才是"这个人的真心话"。

前面介绍了饮酒、疲劳等"情绪化"的重要诱因,除此以外,荷尔蒙不平衡也有可能造成"情绪激动"。

有些人会在月经前心烦意乱,如果这种情绪上的变化较为严重,就有可能被诊断为"经前焦虑症",需要接受精神科的治疗。即使没有这么严重,月经前后情绪不稳定的情况也并不少见。

饮酒只要没有达到酒精依赖症的程度,就还可以自我控制(如果控制不住,务必要参加戒酒互助小组)。但是疲劳和月经周期有时会令人束手无策。

从"调整身体状态来避免情绪激动"的角度而言,只要能够认识到自己在疲劳的时候或是月经前容易情绪激动,那么就会有非常显著的效果。

另外，提醒身边的人"自己现在格外敏感"，同样是一个行之有效的方法。

要 点

当思维的控制力下降时，自己要有所察觉。

习惯 2
转换视角看问题

　　我们不会无缘无故地因为某些不足挂齿的小事而发火。因此，只要找到其中的原因，就可以让自己变成一个情绪平和的人。

【案例】
有人在地铁里踩了我的脚，却连一句道歉都没有，于是我就发火了。

　　首先，从当事人的角度来说，被人踩脚是一件令人不快的事。而对方连句道歉都没有，更是让人非常不爽。

　　这时心生不悦是一种正常情绪。因为这既是心理层面的"计划被打乱的愤怒"，又是施加在自己身体上的暴力行为。

然而，如果当事人的情绪没有就此打住，而是怒气冲冲，就会导致一些附加问题。

如果纠结于"连句道歉都没有"，那么很可能会陷入"别人看不起我""别人不尊重我"等"情绪化思考"，把单纯的某种情绪抬升至"情绪激动"。

尤其是那些平素就认为"自己不被人尊重"、自我肯定程度低的人，更会因此放大"总是自己吃亏"之类的"受害者心态"，更要格外引起注意。

这时我们要学会转换视角，把这个问题看作是对方"领域"的问题。

具体来说，就是不要把思维聚焦在自己身上，觉得"（自己）怎么这么倒霉""（自己）被人瞧不起"，而是要试着把目光投向对方，"这人踩了别人的脚还不道歉，估计是没有意识到吧""可能是不习惯挤地铁，慌里慌张的吧"。

其实，如果我们不亲口问一问，就无从知晓那个人为什么不道歉，是不是从一开始他就没注意到自己踩到了别人的脚。

易于"情绪化"的人在日常生活中就具有强烈的"受害者心态"。

每次发火的时候，一定不要陷入"为什么总是我"之类的"受害者心态"，而要养成转换视角的习惯——"虽然我的脚被踩得很疼，但是他道不道歉是他的事。他可能是没有意识到吧。"把问题放在与己无关的对方的"领域"里，有助于摆脱"受害者心态"。

要点

避免陷入"为什么总是我"的"受害者心态"。

习惯 3
写"好友笔记"

提升自我肯定程度，是"避免'情绪激动'的习惯"的一个关键。

我曾在其他书中介绍过"自我肯定"，在这里就简单地探讨一下提升自我肯定程度的训练方法。

提升自我肯定程度的训练方法并不是神机妙术。而且正如前文所述，"自我肯定"与"自寻开心"之类的"积极思维"也完全是两回事。

那种强求自己"无论如何都要看光明面"的人，终究会因为压力爆发而陷入消沉和放弃。而消沉和放弃会进一步降低自我肯定程度。

这种日常训练首先是要认可当前状态的自己。一个有效的自我认可的方法就是了解自己的情绪。

生气也好，烦闷也罢，只要某种情绪产生，就把它写在笔记本上。

【案例】

在快餐店吃炸牡蛎的时候，发现牡蛎是臭的。我向店员反映情况，结果对方毫不客气地说："大家吃着都没事啊！"我一口也没吃就走了，但是越想越来气。

以下2个步骤可以有效解决这个问题：

步骤① 在笔记本上如实写下自己的情绪

你可以这样写：

·满怀期待的炸牡蛎是臭的，很难过。

·店员不相信我说的话，很窝火。

· 反而被认为是在胡搅蛮缠，很生气。

步骤② 写下自己的好朋友可能会说的话

从自己好朋友的角度来看待这件事，然后写下好朋友安慰自己的话。

· 什么？真的假的啊。哪家店？这也太过分了吧。

· 别气着自己了，下次我带你去另一家店，那家店的炸牡蛎可棒了。

我把这个方法称为"好友笔记"，推荐给很多人使用。

这样做的目的是培养"记录情绪"→"模仿好友安慰自己"的习惯，所以无须特意准备，用随身携带的笔记本就好。

这个方法可以让情况明显改观。

写笔记可以重拾之前几乎没有被意识到的"初始情绪"，最终提高自我肯定程度。

要 点

重视"初始情绪"，提高自我肯定程度。

习惯 4
从"我"出发看问题

前文谈到，以"我"为主语提建议，更易于保护彼此的"领域"。如果将这个方法延伸出去，养成从"我"出发看问题的习惯，那么就可以有效避免"情绪激动"。

例如，当别人对自己恶言恶语的时候，想着"（我）受伤了"，会比想着"（他）看不起我"更容易走出负面情绪。

虽然前文讲到"遇到麻烦时，与其把自己看成受害者，不如把问题看成是对方的"，但是对于"初始情绪"而言，从"我"出发，实实在在地把它看作是自己"领域"的问题，效果会更好。

最佳方法就是前一节所介绍的，把情绪"写下来"。

也可以制作一个以"我"为主语的笔记模板。

养成从"我"出发看问题的习惯之后，就可以很轻松地区分"受伤"和"受害者心态"。

他人的恶语相向会让自己"受伤"，这一点毋庸置疑，但是它有别于"受害者心态"。

首先要认识到"（我）受伤了"只是一种"伤害"，在其发展为"为什么总是我"的"受害者心态"之前，把自己的感受写下来，然后再加上"好友的评论"："我也会有同样的感觉。"

这样你就会发现"为什么总是我"完全是子虚乌有，那只不过是人在遭受冲击时的一种感受罢了。

从"我"出发看问题，意味着在生活中我们时时刻刻都要对自己的"领域"负责。这样不仅能够建立成熟的人际关系，还能避免自己在"受害者心态"里越陷越深。

"受伤"时有发生，但关键是要将这种"受伤"与会让人变得软弱无力的"受害者心态"区别开来。

了解实实在在的"伤害",舍弃"受害者心态"。

希望读者能够反复练习,培养这个意识。

要 点

"受伤"是正常的,时有发生,

但不能陷入"受害者心态"。

习惯5
放下"应该",为"希望"而生活

　　"应该"思维是会让人变得"情绪化"的思维方式之一。

　　"应该做这件事""事情应该是那个样子"等想法，会让人变得更加"情绪激动"。

　　如果陷入"应该"思维，可能会把"所有人都应该这样，但他却没有做到"之类的个人"正确"强加于他人。

　　"应该"思维的实质是一种"受害者心态"："我自己千辛万苦坚持了原则，结果却是我自己吃亏……"

　　所以，不为"应该"生活，生活会舒服许多。

　　但也会有人这样说：

　　"随心所欲地生活，是不是就意味着可以乱丢垃圾，或是毫无顾忌地不遵守约定、随便插队了呢？"

当然不是这样。

我们的行为准则不是"应该"，而是自己所期待的样子。我们不乱丢垃圾、不随意插队，并不是为了做到百分之百的"应该"。大部分人之所以认为那些行为"不像话"，是因为他们怀揣着"让生活更美好"的希望。

"因为我们希望生活环境更加干净，所以请不要乱扔垃圾。"

"因为我们希望在相互尊重、友爱的环境里生活，所以请不要插队。"

这些行为的出发点都是"希望"，而不是"应该"。

如果你平时把"应该"作为行为准则，那么只需将其调整为"希望"，就能够显著提高自我肯定程度，更有效地避免"情绪化"。

要点

我们做事是为了"希望"，而不是"应该"。

习惯 6
远离让人"情绪激动"的现场

本书始终在探讨心灵层面的"领域"问题，但是，在情绪即将爆发的时候，保持物理距离同样十分重要。

> 【案例】
> 和男朋友吵架，越吵越生气，结果他向我提出了分手。

"对方提出分手"是一个巨大的打击。

尤其是在自己情绪激动、无法自控的状态下，这个打击会显得更加猛烈。

就这个案例而言，当事人先不要去琢磨"和他分不分手"的问题，首要任务是马上从"情绪激动"的现场离开，等冷静下来之后再考虑如何处理自己和他的关系。

如果对方提出分手，自己又"情绪激动"地回敬说"要分手也是我甩了你""你说的话太过分了"，事后也只能是追悔莫及。

头脑冷静的时候做决定还算马马虎虎，如若是"情绪激动"时做的决定，必然不会有什么好的结果。

然而刚刚大吵一架，对方又提出了分手，两个人也不可能就这样冷静下来。如果不从这个场景离开，那么对方就会继续刺激当事人，对方越是说"你不要激动"，当事人就会越激动。

这时应该说一句"让我想想看"，而后马上离开。

只要离开那个地方，就不会再受到他的刺激，人也能慢慢地冷静下来。

当两个人面对面情绪不断碰撞，而且愈演愈烈的时候，只需要离开发生争执的那个地方，人就能冷静下来。

如果怒气始终无法平息，而且不断爆发出更强烈的情绪，那么可以参考之前介绍的应对方法来保护自己，避免陷入情绪的泥沼。

以上介绍的是如何从物理层面远离"情绪激动"，这个方法同样也适用于心灵层面。

本章的最后一节就将介绍"关闭心灵百叶窗的方法"。

要点

某些时候走为上策。

习惯 7
找到"自动开关"，关闭"心灵百叶窗"

很多时候，"情绪激动"的场景都会反映出一个人根深蒂固的自卑和深深的心灵创伤。因此如果一味地克制情绪，就会变相导致自我压抑，引发更加严重的"情绪化"问题。

事实上，与其努力避免"情绪化"，不如去了解自己"情绪激动"的触发条件。

我把"情绪激动"的触发条件称为"自动开关"。例如：

·别人打听我的工作成果时，"自动开关"就会打开；

·看见插队等"不道德"行为时，"自动开关"就会打开；

·被父母教训，回想起童年阴影时，"自动开关"就会

习惯 7
找到"自动开关"，关闭"心灵百叶窗"

很多时候，"情绪激动"的场景都会反映出一个人根深蒂固的自卑和深深的心灵创伤。因此如果一味地克制情绪，就会变相导致自我压抑，引发更加严重的"情绪化"问题。

事实上，与其努力避免"情绪化"，不如去了解自己"情绪激动"的触发条件。

我把"情绪激动"的触发条件称为"自动开关"。例如：

·别人打听我的工作成果时，"自动开关"就会打开；

·看见插队等"不道德"行为时，"自动开关"就会打开；

·被父母教训，回想起童年阴影时，"自动开关"就会陷入情绪的泥沼。

以上介绍的是如何从物理层面远离"情绪激动"，这个方法同样也适用于心灵层面。

本章的最后一节就将介绍"关闭心灵百叶窗的方法"。

要 点

某些时候走为上策。

怎样面对
职场霸凌的可怕上司？

前文中我们探讨了避免自己"情绪激动"的方法，最后一章，我们来看看怎样与"情绪化的人"相处。

"情绪化的人"本来就很难相处，而且有些时候在他们的影响下，自己也会不知不觉地变得"情绪激动"。下面让我们来探讨一下怎样避免自己被裹挟到他人的"情绪激动"之中。

【案例】
工作不顺，上司怒气冲冲，很可怕。

真是个让人头疼的上司呀。能换工作自然最好，但是有些时候并不能得偿所愿。况且任何职场都存在着这种上司。所以让我们来看看解决方法吧。

这里我想说的是，这位上司不仅是"让别人头疼的人"，同时他自己也是个"正在头疼不已的人"。

尤其是一些沉不住气的人，工作不顺利很容易让他们心慌意乱。而且我反复讲到，"上司不是圣人"（当然品质高尚的上司也是有的）。

因此，只要把他当成一个由于机缘巧合而身居高位的普通人即可。

一个普通人走上领导岗位，职责范围扩大，也更容易手足无措。而且一旦他遇到"不知如何是好"的局面，常常便会迁怒他人、责备下属。这种利用自己的职务欺负别人的行为，当然是无可争议的职场霸凌。

这种有职场霸凌行为的上司，单单是跟他待在一起就感觉很可怕。

倘若霸凌达到致人心病的程度，那就需要在职场上严肃对待。当我们和这种上司面对面的时候，应该用什么方法来保护自己的心灵呢？

首先，刚才也谈到了，要把"情绪激动"的上司看作一个"正头疼不已的普通人"。

其实他非常弱小无力。

尽管他看上去高高在上，居高临下大发雷霆，好像很强势，但是只要他变得"情绪激动"，那么必然是弱小无力的。

事实上，惯施职场霸凌言行的人患上抑郁症的案例比比皆是。

当你不得不与这种上司相处时，你要把他看作是一个"不会处理自身情绪、心烦意乱的普通人"。

所以，当上司乱发脾气、暴跳如雷的时候，你要首先说一句"抱歉"。

可能有人觉得"是他乱发脾气，为什么要我道歉？"

但这其实并不是在"向他道歉"。

在探讨"正确"的时候我也曾谈到，眼下这种情况并非在争论你和上司谁对谁错。

如果是"谁对谁错"的问题，那么确实应该是"错的一方道歉"。但是"乱发脾气"还没有达到"错与对"的范畴，所以这里的"抱歉"并不是在道歉。

这里的"抱歉",是对"心烦意乱以至于蛮不讲理、乱发脾气的可怜人"的一种"慰问"。

这种慰问性质的"抱歉",也是保护自己内心免遭职场霸凌的智慧。

要 点

先说一句"抱歉"。

怎样面对突如其来的语言暴力?

"情绪化"的人不仅会变得"情绪激动",有时还会突然向身边的人施加语言暴力。那么我们应该怎样应对呢?

> 【案例】
> 酒会席间因为工作和同事起了争执,恼羞成怒的同事突然扔给我一句与工作完全不相干的话:"你这人的长相不及格啊!"因为是在酒会上,事已至此也不便再反驳他,但却越想越生气。

这是一个在"情绪化"的人的裹挟之下,自己也变得"情绪激动"的典型案例。

对方说话这么难听，生气是人之常情。

从"此后越想越生气"这一点来看，当时应该是笑着敷衍过去，或是十分震惊以致一时语塞。

正如前文所述，醉鬼更容易"情绪激动"，因此也很难在那种场合一本正经地驳斥他。

但是，我们又该怎样平复自己越想越气的心情呢？

首先要安抚遭受猛烈冲击的自己。

虽然在这种时候我们满脑子想的都是"怎样反击对方"，但是为了更好地呵护自己的心灵，还是要从"我"出发，坦然接受"怒不可遏"的情绪。然后再安慰自己说"他说话那么难听，生气是必然的。真是倒了大霉啊"。

有时，这样做就能有效地避免自己陷入"情绪化思考"。

随后不要去想"我被人挖苦了"，而要聚焦在"对方在挖苦别人"，那么既然是对方"领域"内的问题，也就更容易一笑了之。

倘若到这一步依然无法平息怒气，这就说明我们已经陷入了"情绪化思考"。萦绕脑海的很可能是"他为什么一定要说那么难听的话""他这是瞧不起我"。

与此同时，由于自己未能扭转局面，还会纠结于"本应该表现得更好"的想法。

其实，不论他人的行为多么荒唐无理，所有的"情绪激动"都不能单方面归咎于"他人"。另一部分的问题出在"自己"身上。

如果只是因为对方出口伤人而生气，那么愤怒不会持续那么长的时间。"出口伤人的对方"和"被语言攻击的（未能妥善应对局面的）自己"，合力形成了持续性的"情绪化"。

有时对于对方的那一部分我们无能为力，甚至有时我们予以回击会让情况更加糟糕。

但是，对于"自己"的部分，我们总有办法可以解决。

要认识到"面对突如其来的恶语相加，我们不可能在刹那间就做出冷静且恰当的反应"。纠结于"当时本应该做得更好"，只会延续"情绪激动"的状态。

在意外突然来临时张口结舌，这才是人的正常反应。因此，只有从整体上承认"倒了大霉"的事实并进行自我安慰，才能尽早摆脱"情绪化"的困境。

要 点

不必为了没能适时反击而苛责自己。

陌生人突然发火了
该怎么办？

前文的案例里是熟人变得"情绪激动"，但是有些时候我们会遇到突然发火的陌生人。

【案例】

正在地铁里抹唇膏，旁边的老大爷突然冲我发火："你干什么呢！怎么这么没规矩！"本来是去约会的，可心情就是好不起来。

如果陌生人冲自己发火，那么正常情况下回敬一句"关你什么事？！"事情也就过去了。但是为什么在这个案例中，"我"的心情始终好不起来呢？

这是因为当事人自己也怀揣着与老大爷相同的"应该"思维。

正是因为自己也觉得自己做了"不应该做的事"，所以才会在外界的刺激下变得"情绪化"起来。

突然被陌生人批评是一种非常强烈的冲击，加之自己也觉得做了"不应该做的事"，更是备受打击。

换言之，自己突然被老大爷批评而产生的不快，以及对"给了老大爷可乘之机的自己"的不快，共同导致了心情久久不能好转。

我们逐一分析一下。

首先，我们来看一看老大爷所说的"没规矩"。

如何评判在地铁里化妆是每个人的自由。

可能很多人都觉得"这虽然算不上十分合适，但说不定是因为时间紧张，不得已而为之"，并不会特别介意。

像案例中那样武断地呵斥可能是事出有因的人"没规矩"，即便被呵斥的人心中多多少少也觉得"自己可能是有些没规矩"，这也依然是一种极为恶劣的暴力行径。

因为这位老大爷侵犯了他人的"领域"。

被呵斥者自然会感到愤怒。

"愤怒是正常反应"，首先要接受自己的这种情绪。

下面来探讨一下这个案例的另一个关键点："自己心中的'应该'"。自己被老大爷激怒并且产生"情绪化"的反应，说明自己心中同样存在着"不应该在地铁里抹唇膏"的想法。

老大爷固然是侵犯了当事人的"领域"，但由于当事人也认为"自己做了不该做的事"，就导致心情愈发沮丧。对此我们再冷静地分析一下。

在地铁里抹唇膏对自己来说是必要的，而且没有给别人造成不便，也没有违法犯罪，就只有老大爷一个人看不顺眼。

这样想，不仅可以振作心情，进而还能想到"以后尽量不要在地铁里抹唇膏"。当然，前文介绍的"笔记法"也是一个有效方法。

"一个陌生的老大爷突然冲我发火了，吓我一跳。"

"那时候我实在是时间紧张，没有办法。"

"没想到在地铁里抹唇膏还有人管。"

自己扮演自己的好友，用温柔的话语安慰自己，同样可以让心情迅速好转。

要点

即便对方说得对，也要好好地安慰自己。

不小心陷入网络骂战
该怎么办？

前文介绍的都是真实人际关系中出现的问题，而在互联网上无疑也会遇到"情绪化的人"。

【案例】
随手对某个新闻发表了自己的观点，竟然在社交平台上引起了轩然大波。

网络社交平台是"情绪化"人群的聚集地。

一些人在日常生活中能够意识到"情绪激动是一种丢人现眼的行为"，但是当他们匿名发言的时候，这个意识就被他们抛在了脑后。而且他们会在其他人"情绪化"评论的影响下，连续性地发表情绪失控的评论，让"网络暴力"呈现出一种传染趋势。

我想，莫名其妙兴起的网络骂战常常就来源于此。

其中有一个说法的出现频率很高，那就是"你这是站着说话不腰疼！"

例如，有些人是见缝插针，不管对方是谁都要批评两句，也有些人支持特定人群，攻击敌对者……这些人兴风作浪也在情理之中。

可以把这些人看作是某一类特殊人群。遇到这种情况，我都会抱着"看着暴风雨来临"的态度静观其变。同时要留意表达方式，尽量避免引来暴风雨，发言时极力避免刺激他人的"受害者心态"。

然而，当被评论的新闻涉及灾难等紧急事态时，普通人群同样会一拥而上地评论说"你这是站着说话不腰疼！"

这时，那些回帖者似乎并没有错，而发言者却备受困扰。为什么那些看上去出于好意的人会引发网络攻击呢？

例如某个人因为灾害相关的新闻报道而遭受冲击，心灵受到了伤害。这时，当他看到那些轻描淡写、满不在乎的言论，就会觉得发言者"太不像话！站着说话不腰疼！"

这种状况与其说是"自己的社交平台火了"，倒不如看作是"触动了很多人的心灵创伤"。

而这也符合"愤怒的人本身就身处困境"的规律。

自己一旦纠结于"态度"问题，就相当于加入了"谁对谁错的拔河比赛"，很可能遭受不必要的伤害。因为每个人都是"正确的"，自己某一刻的状态在他人看来很可能就是"态度不佳"。因此，我觉得即便是没有道歉的必要，但是出于慰问，说一句"抱歉"也无妨。

当然，人们可以随心所欲地使用社交平台，无视那些评论同样是一个极好的应对方法。

要点

不要纠结"谁对谁错"，
要把对方看作是"受伤的人"。

怎样应对情绪激动的
特殊人群？

　　"情绪化的人"包括了一些特殊人群，例如"胡搅蛮缠的顾客""对学校提出无理要求的家长"。

> 【案例】
> 我在工作中要处理一些索赔投诉，但是很多客户的情绪都会激动，不依不饶，我担心迟早有一天自己也会情绪爆发。

　　前文讲到，"愤怒"这种情绪表明"自己身处困境"，而"胡搅蛮缠的顾客"和"对学校提出无理要求的家长"，恰恰就是"身处困境的人"。

他们可能是因为某些实际需求没有得到满足而烦恼，或者把对子女教育不利的问题归咎于学校。但其实，这些人也有很严重的"自己被人瞧不起""自己没有得到尊重"之类的"情绪化思考"问题。

如果用"你错了，我才是对的"的态度去接触这类人，那么必然会陷入"谁对谁错的拔河比赛"。

双方都用力拔绳，局势不断升级，不仅互相消耗，还进一步加剧了对立局面。心平气和的解决方案根本无从谈起，任何一方都压力巨大。

化解这种情况的一个有效方法是采取"倾听对方烦恼"的姿态。

"受教了，您可以再详细地谈一谈吗？"像这样放低姿态恳请对方，对方紧绷着的弦也会放松下来，有些人甚至会道歉说"抱歉，刚才说得有些过分"，也有些人会坦率地吐露在子女教育方面的忧虑。

我曾多次强调，面对"情绪化的人"时，一定不要纠结"谁对谁错"。

当然，这样做并不代表承认"自己错了"，而是"不再争论'谁对谁错'这个层面的问题"。

要点

"请您谈一谈您的问题"
是一个行之有效的应对方式。

非典型发展人群
大发雷霆时应该怎么办?

人"易于情绪激动"的原因是多种多样的。例如,每个人都有各自不同的心灵创伤。"为什么会为了这种事情绪激动?"这里的"这种事"就是我在前文中提到过的"自动开关"。

非典型发展人群发怒的方式与心灵创伤所造成的情绪激动非常相似。

"非典型发展人群"指的是智力发育正常,但是大脑发展失衡或具有特殊表征的人群,典型症状包括"孤独症谱系障碍(ASD)型"和"注意缺陷障碍伴多动症(ADHD)型"。症状程度有轻有重,如果症状对社会生活造成障碍,通常就会被诊断为"发展障碍"。

"孤独症谱系障碍型"和"注意缺陷障碍伴多动症型"的共同特点是：这个人对单个事物的关注会占用他全部的感知能力。

例如，从意想不到的方向向他投掷一个变化球，他就会像遭到突然袭击一样进入反击状态。

当我们疑惑"为什么这个人情绪这么激动"的时候，要想到对方"说不定属于非典型发展人群"。

想到并不意味着能够改变对方的行为，但是只要了解大致规律，情况就会大不相同。这样一来，即便看上去对方的行为未能达到预期，我们也依然能够发现他们付出的努力。

非典型发展人群虽然存在发展障碍，却也有自己的一套逻辑。如果无视或是全盘否定他们的逻辑，他们就会因为"自己被否定"而发怒。但如果顺着他们的脾气同他们沟通，倾听他们的心声，便会发现他们的能力不容小觑。因为非典型发展人群普遍都很认真，所以只要布置给他们合适的任务，他们就能取得非凡的成就。

非典型发展人群中有相当一部分人不擅长应付灰色地

带，无论如何"都要分清黑与白，否则决不罢休"。

如果非典型发展人群和其他人彼此都了解这个特点，那么非典型发展人群就可以明白地告诉对方"我这个人做人做事非黑即白"，对方也不会觉得他们总是"傲慢地下结论"，也能够理解这是他们面对现实的一种生活方式，从而避免被他们伤害。

要点

好好倾听，是最有效的应对方式。

只要看到
自己的坚韧

前文谈到，"情绪激动"会让自己变得弱小无力。

我始终相信，人生而坚韧。但人绝对不是完美无缺的，有时也会萎靡不振、郁郁寡欢。

多年来诊治众多患者的经历，让我真切地认识到"人是有力量的"。

不论旁人的所作所为多么令人厌恶，让我们产生了怎样的"症状"，人坚韧的本质都不会改变。甚至"症状"的出现恰恰证明了人具有能够自我保护的坚韧品质。

当我们变得"情绪激动"，便会彻底忽视自己的坚韧。我们之所以会强调"自己如此正确"，是因为我们渴望得到周围人的认同。

然而人生而坚韧，也生而温柔。尽管这份温柔只在内心从容的时候才会表现出来，但即便是在忧心忡忡的时候，我们也能从中看到他们全力以赴的模样。

我们处理"情绪化"问题的过程，也是了解自己的情绪，了解自己坚韧品质的过程。

当我们茫然无措时，要重新找到自己的立足之处——
"自己坚韧而温柔的本质"。

衷心希望能有更多的人认识到自身的坚韧品质，自如
地应对自己的情绪，不被困境所左右。

作者简介

水岛广子

庆应义塾大学医学院、研究生院毕业，医学博士。曾任职于庆应义塾大学医学院神经精神科。2000年6月至2005年8月担任众议院议员期间推动了《儿童虐待防止法》的彻底修订。1997年，与他人合作翻译并出版《抑郁症人际关系疗法》后，成为日本人际关系疗法第一人，致力于该疗法的临床应用和推广普及。目前担任人际关系疗法专科诊所所长，庆应义塾大学医学院神经精神科客座讲师，人际关系疗法研究会代表。

你可以生气，但不要越想越气

作者 _ [日]水岛广子   译者 _ 姚奕崴

编辑 _ 周喆   装帧设计 _ 何月婷   主管 _ 阴牧云

技术编辑 _ 白咏明   责任印制 _ 刘世乐   出品人 _ 吴畏

营销团队 _ 毛婷 石敏 郭敏

果麦
www.goldmye.com

以 微 小 的 力 量 推 动 文 明

图书在版编目（CIP）数据

你可以生气，但不要越想越气 /（日）水岛广子著；
姚奕崴译 . -- 成都：四川文艺出版社，2022.1（2025.6 重印）
ISBN 978-7-5411-6201-5

Ⅰ.①你… Ⅱ.①水… ②姚… Ⅲ.①情绪—自我控
制—通俗读物 Ⅳ.① B842.6-49

中国版本图书馆 CIP 数据核字（2021）第 235548 号

著作权合同登记号 图进字：21-2021-485 号

NI KEYI SHENGQI, DAN BUYAO YUE XIANG YUE QI
你可以生气，但不要越想越气
〔日〕 水岛广子 著   姚奕崴 译

出 品 人　冯　静
责任编辑　邓　敏
责任校对　段　敏
出版发行　四川文艺出版社（成都市锦江区三色路 238 号）
网　　址　www.scwys.com
电　　话　021-64386496（发行部）　028-86361781（编辑部）
印　　刷　北京顶佳世纪印刷有限公司
成品尺寸　140mm×200mm
开　　本　32 开
印　　张　6
字　　数　100 千
版　　次　2022 年 1 月第一版
印　　次　2025 年 6 月第十九次印刷
书　　号　ISBN 978-7-5411-6201-5
定　　价　39.80 元

如果发现印装质量问题，影响阅读，请联系 021-64386496 调换。